黄渤海海雾特征分析与数值模拟

孙明生　宋晓姜　易志安
严　鹏　刘亚彬　王　洋　著

内容简介

本书在系统分析黄渤海海雾灾害成因、时空分布特征及其演变过程基础上，利用长时间、大样本数据，从水汽温差、风向、风速等方面，对黄渤海海雾生消的水文气象条件进行综合分析。采用合成分析方法，归纳总结了黄渤海海雾形成和维持的四种主要地面天气形势，并针对典型天气个例进行了诊断与数值模拟分析研究。本书共分 6 章，分别介绍了黄渤海海雾的天气气候特征、黄渤海海雾气象水文要素特征、黄渤海海雾形成和维持的主要天气形势、典型个例分析、黄渤海海雾数值模拟等。

本书重点明确、特色鲜明、图文并茂，可作为气象、海洋预报和研究人员的参考用书。

图书在版编目(CIP)数据

黄渤海海雾特征分析与数值模拟/孙明生等著.
—北京：气象出版社，2017.12
ISBN 978-7-5029-6360-6

Ⅰ. ①黄… Ⅱ. ①孙… Ⅲ. ①黄海-海雾-数值模拟
②渤海-海雾-数值模拟 Ⅳ. ①P732.2

中国版本图书馆 CIP 数据核字(2018)第 006732 号

Huangbohai Haiwu Tezheng Fenxi yu Shuzhi Moni
黄渤海海雾特征分析与数值模拟
孙明生　宋晓姜　易志安　严　鹏　刘亚彬　王　洋　著

出版发行：气象出版社
地　　址：北京市海淀区中关村南大街 46 号　**邮政编码**：100081
电　　话：010-68407112(总编室)　010-68408042(发行部)
网　　址：http://www.qxcbs.com　**E-mail**：qxcbs@cma.gov.cn
责任编辑：李太宇　**终　　审**：吴晓鹏
责任校对：王丽梅　**责任技编**：赵相宁
封面设计：博雅思企划
印　　刷：北京建宏印刷有限公司
开　　本：787 mm×1092 mm　1/16　**印　　张**：8.125
字　　数：211 千字
版　　次：2017 年 12 月第 1 版　**印　　次**：2017 年 12 月第 1 次印刷
定　　价：40.00 元

前　言

海雾是影响海面能见度的首要因素，是影响海上航空、航海活动成败和安全的主要影响因素之一，往往给经济社会和国防建设等带来危害。防范海雾灾害影响，保障人民生命财产安全和经济社会正常运行，是海洋、气象部门的主要任务，及时准确的天气预报是十分重要的工作。预报员是天气分析、预报技术和方法的载体，在业务预报服务中发挥着主体作用。如何使预报员对黄渤海海雾天气发生、发展规律有所认识，进一步提高分析与预报水平，为环黄渤海地区经济社会繁荣发展和国防建设提供有力的科技支撑，是作者撰写本书的主要目的所在。

本书基于国家“530”科研项目（QX2015026102B12014）研究成果，主要研究目的是对近海海雾生消变化规律有一个基本的了解，提高黄渤海海雾天气分析预报能力。因此，主要内容侧重于黄渤海海雾的天气气候学分析和典型个例的剖析与数值模拟研究，具体内容涉及黄渤海海雾分布与时空演变特征、海雾与水文气象环境条件的相互影响、海雾形成和维持的主要天气形势以及海雾形成机制的数值模拟研究。编写中力求内容完整，循序渐进，便于读者对黄渤海海雾活动规律有一个基本的了解，对提高黄渤海海雾天气分析预报能力，起到借鉴和参考的作用。

在上述课题研究和本书撰写过程中，得到了中部战区空军参谋部气象处、中部战区空军气象中心庞学文、杜波、谷斌，国家海洋环境预报中心万莉颖等领导，以及中国科学院大气物理研究所高守亭研究员的大力支持，并提出了许多宝贵意见。本书的出版得到了樊明、程婷博士和李太宇编审的热忱帮助，在此一并深致谢意。

由于大气、海洋科学技术的快速发展以及气象、海洋资料的不断更新，有关海雾分析、数值模拟的研究成果也在不断地补充和完善，加之作者学识、见解等限制，缺点错误在所难免，敬请读者批评指正。

作者

2017 年 5 月于北京

目 录

第1章 概 述

1.1 海雾概述

海雾，顾名思义，就是发生在海上的雾，是在一定条件下，海上低层大气逐渐饱和或过饱和而凝结的过程，凝结物为水滴或冰晶或二者的混合物，聚集在海面以上几米、几十米乃至上百米的低空，使大气水平能见度降低的海洋上的天气现象。根据水平能见度的不同，可细分为：轻雾（1～10 km）、雾（<1 km）、浓雾（<500 m）。

海雾的生成需要一定的水文气象条件，包括海温、水汽温差、适宜的风向风速和特定的大气环流形势等，在那些经常可以满足成雾条件的海区，海雾出现的机会多，维持的时间长，所以海雾的分布具有很强的区域性和季节性。海雾在海上形成以后，会随风扩展，在沿海地区可以深入陆地，有时达几十千米。海雾在可见光卫星云图上一般呈乳白色且边缘清晰。

根据海雾形成过程的主要特征，及其海洋环境特点，可以将海雾分为平流雾、混合雾、辐射雾、锋面雾、地形雾3类（表1.1），其中我国近海以平流冷却雾为主，也就是暖空气平流到冷海面形成的雾，简称平流雾。这种雾厚度厚、浓度大、多变化、持续时间长，日变化不明显，可以整日不消，甚至维持10 d以上。

表1.1 海雾分类

类型		主要成因
平流雾	平流冷却雾	暖空气平流到冷海面上成雾
	平流蒸发雾	冷空气平流到暖海面上成雾
混合雾	冷季混合雾	冷空气与海面暖湿空气混合成雾
	暖季混合雾	暖空气与海面冷湿空气混合成雾
辐射雾	浮膜辐射雾	海上浮膜表面的辐射冷却成雾

大量的研究表明，我国黄渤海区域是世界上几个重要的海雾多发区之一（王彬华，1948；1983；傅刚等，2002；2016；周发琇等，2004；鲍献文等，2005；Zhang et al.，2009；Gao，et al.，2009；Fu et al. 2012；Wang，2014；Li et al.，2015）。王彬华从20世纪40年代开始从事海雾资料的搜集和整理工作，是国际上海雾研究的先驱者之一。其在1983年出版了世界上第一部关于海雾研究的专著——《海雾》（王彬华，1983）。该专著对海雾的生成及其分类、世界海雾的分布及变化、海雾发生时的水文气象条件、海雾的物理性质、海雾的预报方法等进行了全面系统的论述。1985年该书被翻译成为英文《Sea Fog》，是20世纪国际海雾研究的经典之作，至今仍作为海雾研究的主要参考书之一。我国对海雾比较系统的研究可以追溯至20世纪60—70年代，原山东海洋学院于1965—1966年和1971—1973年先后在黄海进行了海

雾的专项调查，取得了第一手海雾观测资料。1991—1995年，中国科学院海洋研究所和原青岛海洋大学共同完成了“八五”国家科技攻关项目《黄、东海海雾数值预报方法的研究》。该项目是继《海雾》专著出版以后，我国首次对海雾进行比较系统全面的研究，包括海雾过程中大气和海洋环境背景场、海雾发生时海洋上大气边界层特征、海雾数值预报方法研究和海雾MOS(Model Output Statistics)预报方法试验等内容。国家“十五”期间，由于卫星遥感技术的快速发展，以发展海雾遥感监测技术为目标的国家863项目“模块化全天候、灾害性海雾遥感监测技术”进行了以海雾光谱特性和纹理特征综合分析识别云雾的技术研究，标志着我国海雾遥感监测研究新起点。

1.2　海雾灾害的成因及特点

海雾灾害是我国沿海重要的海洋天气灾害之一，尤以春、夏季最为明显。起雾期间近海海面水汽含量增大，使得海上和沿海地区的水平及垂直能见度下降，对海上渔业、平台作业、航运等经济、社会、军事行动以及沿岸航空和公路交通造成极大的危害(孙亦敏，1994)。

海雾可造成能见度不良，因能见度不良造成事故中，以普通渔船和导航设备很差的船舶居多。但是，尽管现代船舶和飞机大都装备了先进的雷达及其他导航、定位设备，因海雾原因造成的海难和空难事故仍层出不穷，有时损失还相当惨重。1993年4月11日，装备有非常先进的导航雷达和船舶自动避撞系统的我国科学考察船“向阳红16”号，在134°E,29°N海区，因海雾弥漫，能见度极差，与塞浦路斯的3.8万t级油轮“银角”号相撞，“向阳红16”号被拦腰撞穿一个大洞，海水大量涌入，短短30 min后，“向阳红16”号就沉入大海。这次海难造成3人死亡和无法估量的国家财产和资料的损失。

1922年5月22英国轮船公司的邮船“埃及”号从伦敦开往印度孟买，当它开到法国西部的布勒特海角附近时，灰蒙蒙的浓雾笼罩了大海，因躲让不及与法国破冰船“西娜”号相撞沉没，有86名旅客和船员遇难，大批的财宝淹没在深邃的大西洋中，成为一起震惊世界的海难。据日本统计，从1979—1983年的5年中，日本的船舶因海况和气象原因造成的海难共计348次，受害船舶443艘，人员伤亡972名。其中，由海雾造成的海难占总数的20%，居第二位。

我国1950—1987年的船舶海上航行事故统计显示，因恶劣能见度而造成的海难事故，占事故总数的首位，达33%，海雾浓重时，也严重影响着空中运输。沿海机场飞机的起降，常常因为海雾而造成事故。1997年冬季，持续几天的海雾，曾使天津、烟台的机场出现过短期的关闭，滞留旅客万人。海雾对船只航行同样具有极大危害。2006年1月12日，长江口水域能见度普遍小于200 m，长江吴淞口水域视程一度不足100 m，对进出上海港的船舶带来严重影响。在长江口水域抛锚避雾的船舶近200艘，黄浦江19条轮渡线全部停航；2006年3月8日洋山国际深水港和东海大桥因浓雾被迫多次封港、封桥。

另据不完全统计，在20世纪后50年里，仅山东沿海地区因海雾造成的触礁、碰撞、搁浅等海事和海难就达59起，死亡128人。海上发生的灾害有40%源自海雾，其中船舶碰撞事件70%都与海雾有关。据青岛海事局不完全统计，2000～2003年海上船舶碰撞或搁浅事故中，50%左右与海雾有关。例如1976年2月16—17日我国粤东汕尾海面出现大雾，导致16日索马里“南洋”号被荷兰“斯曲莱特·阿尔古爱”号撞沉；17日日本油轮“碧阳丸”号与索马里“昆山”号相撞，“碧阳丸”号沉没，“昆山”号严重损坏。海雾给民航、海上航行及渔业生产带来了极大的危害，大雾使飞机、岛际航线停航、船只航行中发生偏航、触礁、搁浅，甚至碰撞，引发海损事故。

海雾形成后阻隔太阳光的照射，而影响海水的透明度，使水质变坏，极易造成海水养殖虾贝等的大面积死亡。海雾对沿海地区农业生产的危害也很大，山东半岛沿海一带，是我国农业重要的产地之一，每年的3—6月正是小麦扬花的时节，此时又是海雾多发的时期，若是遇上几天持续的海雾，常常导致小麦锈病的发生，严重时会减产2～3成。

海雾极易造成沿海城市的空气污染。含有大量水分的海雾与二氧化碳等混合物相遇，就会形成酸雨和酸雾，直接危害人体的健康，1952年12月，英国首都伦敦这个多雾的城市，曾因海雾发生了严重的大气污染，导致1万余人死亡。

1.3　数据及其处理

1.3.1　海雾日定义

技术规定：凡一站至少一个时次出现能见度＜1 km的雾即定为该站有一个海雾日，此外统计中使用的是逐3小时的地面观测资料，当天气现象为雾、观测前一小时雾或过去天气现象为雾时，均将该站记为一个海雾日。

1.3.2　数据及其处理

(1)研究区域

选取毗邻黄渤海海域的16个气象站(见表1.2)作为研究分析对象，图1.1为各的站地理位置示意图，应用这些站点的观测数据，通过计算分析，对中国黄渤海海雾的分布及变化特征进行分析。

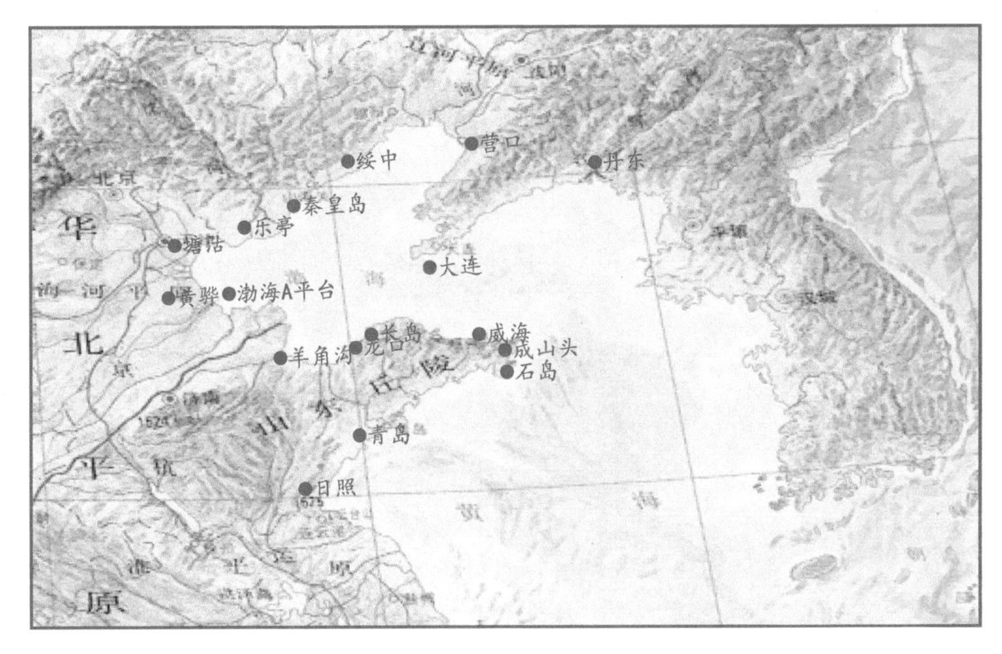

图1.1　黄渤海海域各站的地理位置示意图

(2)数据起止时间为2001年1月1日至2016年2月28日。

表1.2 气象站站号及站名

站号	54449	54454	54471	54497	54539	54623	54624	54662
站名	秦皇岛	绥中	营口	丹东	乐亭	塘沽	黄骅	大连
站号	54736	54751	54753	54774	54776	54857	54871	54945
站名	羊角沟	长岛	龙口	威海	成山头	青岛	石岛	日照

参考文献

鲍献文,王鑫,孙立潭,等,2005. 卫星遥感全天候监测海雾技术与应用[J]. 高技术通讯,15:101-106.

傅刚,李鹏远,张苏平,等. 2016. 中国海雾研究简要回顾[J]. 气象科技进展,6(2):20-29.

傅刚,张涛,周发琇,2002. 一次黄海海雾的三维数值模拟研究[J]. 海洋大学学报,32(6):859-867.

孙亦敏. 1994,灾害性浓雾[M]. 北京:气象出版社,40-59.

王彬华. 1948. 青岛天气[C]. 青岛:青岛观象台学术期刊.

王彬华. 1983. 海雾[M]. 北京:海洋出版社.

周发诱,王鑫,鲍献文,2004. 黄海春季海雾形成的气候特征[J]. 海洋学报,26(3):28-37.

Fu G,Zhang S P,Gao S H,et al,2012. Understanding of Sea Fog over the China Seas[M]. Beijing:China Meteorological Press,

Gao S H,Wu W,Zhu L,et al,2009. Detection of nighttime sea fog/stratus over the Huanghai Sea Using MTSAT-1R IR Data[J]. Acta Oceanologica Sinica,28(2):23-35.

Li Y,Zhang S P,Thies X M,et al,2015. Spatio-temporal detection of fog and low stratus top over the Yellow Sea with geostationary satellite data precondition for ground fog detection-A feasibility[J]. Atmospheric Research,151:212-223.

Wang Y M,Gao S H,Fu G,2014. Assimilating MTSAT—derived humidity in nowcasting sea fog over the Yellow Sea[J]. Weather and Forecasting,29:205-225.

Zhang S P,Xie S P,Liu Q,et al,2009. Seasonal variation of Yellow Sea fog:Observations and mechanisms [J]. Journal of Climate,22:6758-6772.

第 2 章　黄渤海海雾的天气气候特征

中国海雾的天气气候学研究开展较早，王彬华 1948 年（王彬华，1948）对青岛海雾发生的天气、水文条件进行了研究，1983 年出版的《海雾》（王彬华，1983）一书，至今仍是人们开展海雾研究的经典学术专著。进入 20 世纪 80—90 年代，围绕海雾的天气气候学成因分析的研究很多（孙安健等，1985；王厚广等，1997）。近年来，针对不同地区海雾的天气气候学分析研究主要围绕三方面开展工作：一是海雾出现的统计规律；二是海雾发生的气象条件分析；三是天气形势分析（张苏平等，2008；赵绪孔等，1990；许向春，2009）。这其中对黄海海域有过较为全面系统的分析研究（侯伟芬等，2004；张红岩等，2005；王鑫等，2006；黄彬等，2011），但是海雾的发生发展有着明显的区域性特征，目前针对渤海沿海的海雾特征分析相对较少。深入认识近海海雾的天气气候特征，分析雾的成因，对于做好海雾预报有很大帮助。

海雾的气候统计主要指海雾发生的时间、空间分布特征以及持续时间等的统计研究。参照《地面气象观测规范》，若水平能见度小于 1000 m，就称为雾。据国外有关方面统计，近几十年来发生的几千次海上碰撞和海损事故中，有 70% 以上发生在能见度不足 1000 m 的雾天。所以我们把能见度不足 1000 的海雾过程称为灾害性海雾。本文主要以灾害性海雾为研究和评价对象。

2.1　黄渤海海雾的空间分布特征

利用黄渤海海域的 16 个气象站，2001 年 1 月 1 日至 2016 年 2 月 28 日的常规气象资料，研究了海雾的空间分布特征。

图 2.1 是黄渤海海区各站多年平均海雾日数（2001—2015 年平均），可以看到，黄渤海海区海雾分布地区差异明显，不同站出现雾的情况有很大的差异。

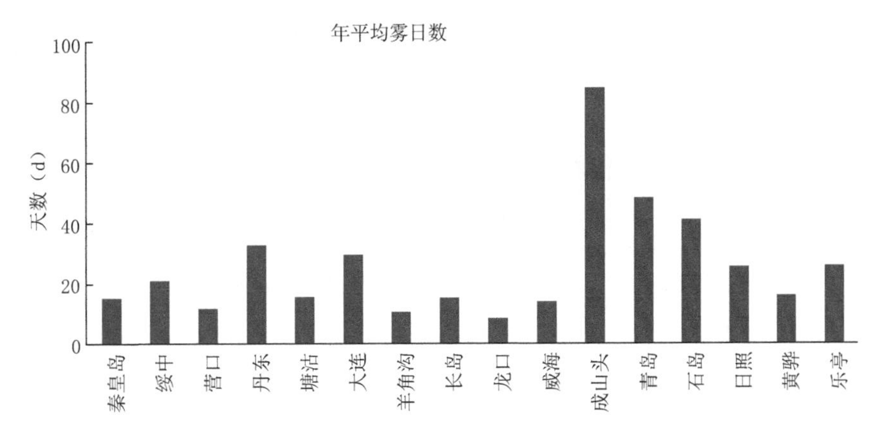

图 2.1　各选站多年平均雾日数（2001—2015 年平均）

海雾的水平分布具有东西空间不一致的特点。黄海海区海雾日数明显多于渤海。黄海海区中，山东半岛南部沿海各站多年平均雾日为41—85 d，该区域是黄渤海海区中多年平均雾日最多的区域，其中成山头最多，可达84.9 d，最多年雾日出现在2010年，多达98 d，最少年雾日也有61 d，有海上“雾窟”之称；黄海北部沿海各站的年平均雾日在30 d左右。渤海海区中，辽东湾西部沿海各站的年平均雾日为15～25 d，为渤海海区中年平均雾日最多区域；辽东半岛西部、山东半岛北部沿海各站平均雾日最少，平均为8～15 d，其中龙口站年平均雾日数仅8.2 d，为黄渤海海区中最少。中国近海沿岸海雾显著的地理差异可见一斑(见表2.1)。

上述分析表明，雾的分布具有空间不一致的特点，在分析海雾时，单个站点只能用于分析邻近海区，而不能用来代表整个海区，要分析整个海区，应选用多个站点研究。

表2.1　各站年最多最少雾日和多年平均年雾日及其占黄渤海海区百分比(单位:d)

台站	年平均雾日(d)	最多年(d)	最少年(d)	年雾日占黄渤海海区百分比(%)
秦皇岛	15.1	76	2	3.6
绥中	20.8	34	8	5.0
营口	11.5	21	4	2.8
丹东	32.7	52	16	7.9
塘沽	15.3	28	7	3.7
大连	29.5	47	6	7.1
羊角沟	10.4	18	5	2.5
长岛	15.1	28	5	3.6
龙口	8.2	14	3	2.0
威海	13.8	19	10	3.3
成山头	84.9	98	61	20.5
青岛	48.3	79	33	11.7
石岛	41.1	63	20	9.9
日照	25.5	42	10	6.2
黄骅	15.7	36	5	3.8
乐亭	25.7	43	11	6.2

2.2　黄渤海海雾的时间变化特征

海雾生成与水文和气象条件密切相关，同时还受陆面和海岸地形的影响。随着时间变化，水文和气象条件会有显著差异，导致海雾的年际、月际变化有所不同。

2.2.1　年际变化特征

海雾年际变化在1980—1990年代初已经有了一些研究，如赵绪孔等(赵绪孔等，1990)。从2001—2015年黄渤海海区海雾日数统计结果(表2.2)可以看到，15年中海雾日年平均152.1 d，最多的年份是2006年，共180 d，比最少年份(2009年，125 d)多55 d。2003年，

2006—2008年，2012—2015年的年海雾日数均大于多年平均，为偏多年份，其他7年的年海雾日数则低于多年平均，为偏少年份。

表2.2　2001—2015年黄渤海海区海雾日数(d)

年份	2001	2002	2003	2004	2005	2006	2007	2008	2009	2010	2011	2012	2013	2014	2015	平均
日数(d)	145	137	161	141	150	180	158	154	125	151	133	155	156	175	161	152.1

从图2.2中可以看到，近15年，黄渤海海区海雾日数存在一定的周期振荡，近年来总体上有增加的趋势，这可能与沿海地区经济和城市化进程的快速发展，工业耗煤量、废气排放量、建筑工地扬尘量等不断增加，大气中凝结核增多，利于水汽凝结有关系。

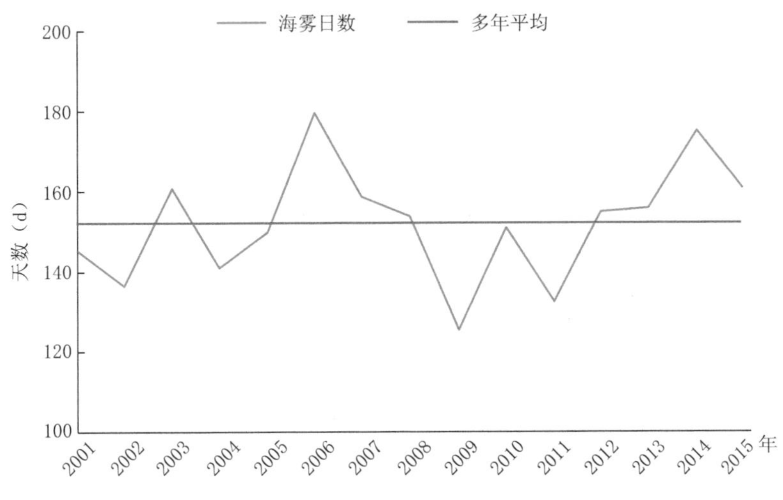

图2.2　2001—2015年黄渤海海区海雾天数分布图

海雾的年际变化是大气环流多变性的一种体现。图2.3为2001—2015年黄渤海海区各站海雾日数分布图，可以看到，就各站而言，年际变化差异较大。

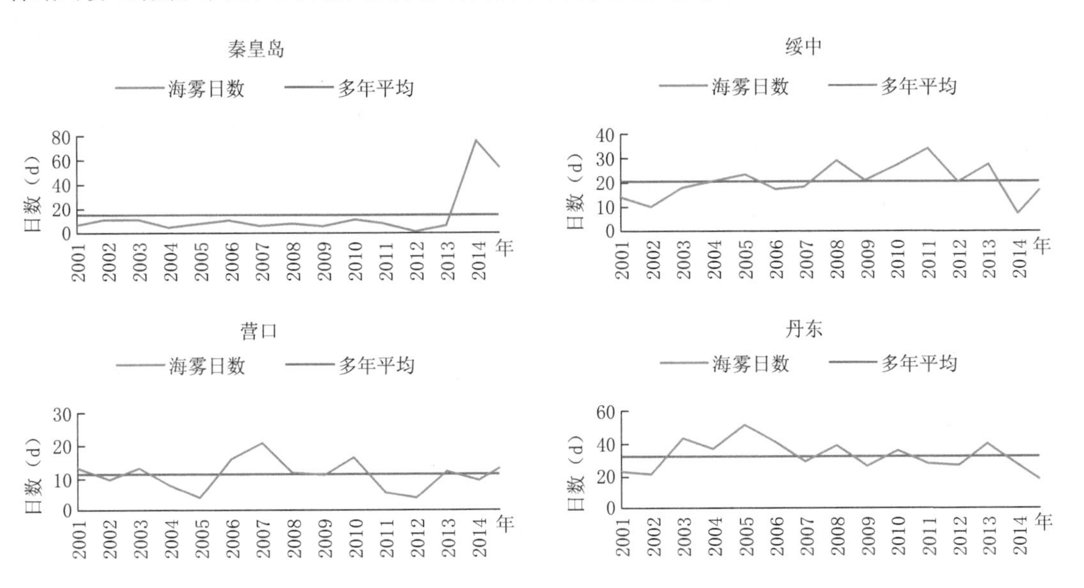

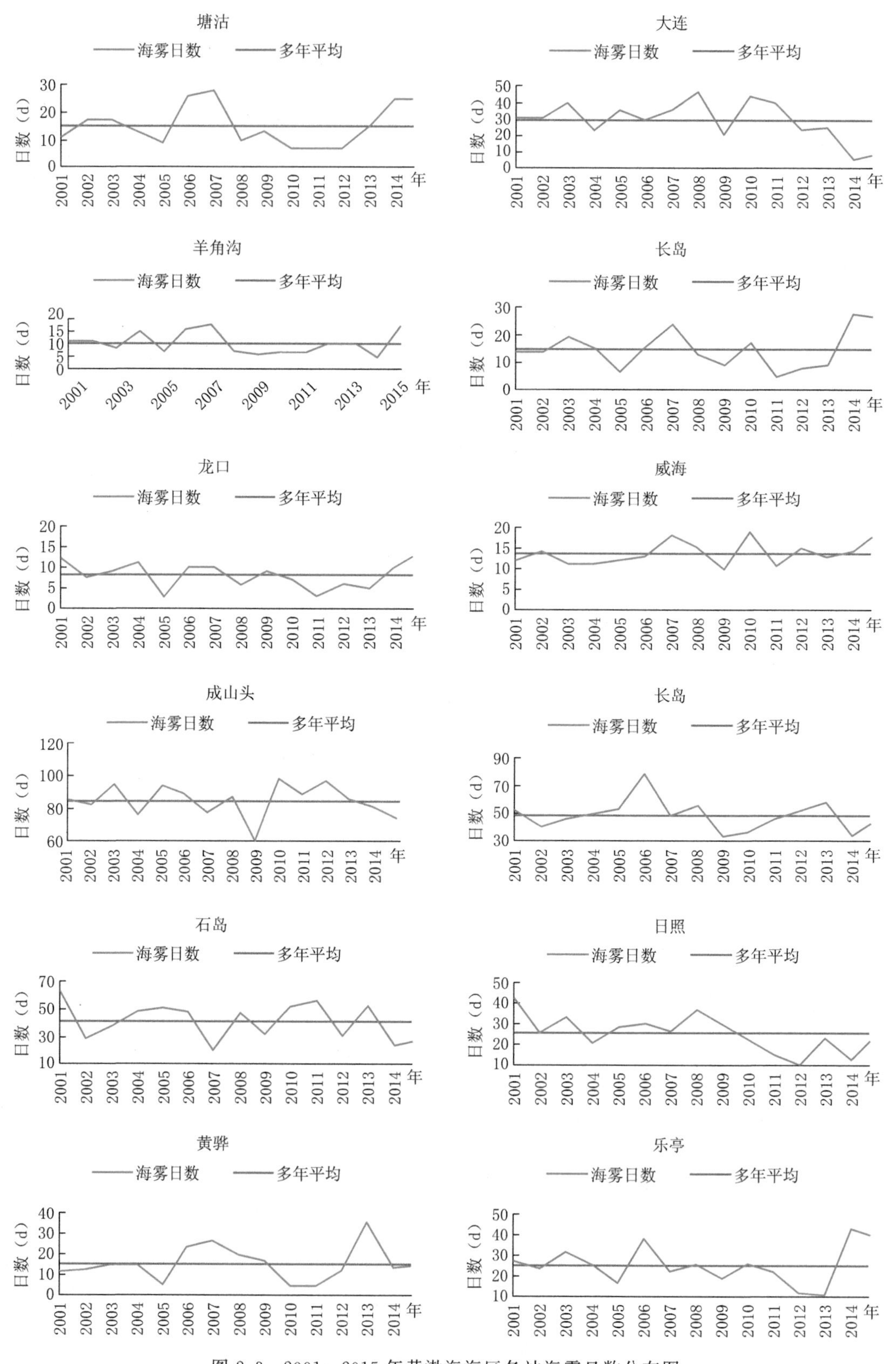

图 2.3　2001—2015 年黄渤海海区各站海雾日数分布图

秦皇岛站2013年前海雾出现日数比较稳定，除2012年只出现2 d外，其他年份均在10 d左右，2014—2015年海雾出现日数剧增，分别为76 d和48 d。

绥中站海雾出现日数呈“单峰型”，2004年前后海雾出现日数开始波动增多，至2011年达到最多，为34 d，之后开始波动减少，最少年份仅8 d(2014年)。

营口站海雾出现日数呈“一峰两谷型”，峰值年出现在2006—2010年，其中2006年、2007年和2010年海雾日数比多年平均值多4～9 d，其中2010年为最多，达21 d；“两谷”则分别出现在2004—2005年、2011—2012年，海雾日数比多年平均值少3～8 d，2005年、2012年最少仅4 d；其他年份海雾出现日数在多年平均值附近波动。

丹东站海雾出现日数呈“一峰一谷型”，2001年开始海雾日数逐年波动递增，至2005年达到峰值(52 d)，之后开始逐年波动递减，2015年海雾出现日数仅16 d。

塘沽站、大连站海雾出现日数均呈“两峰两谷型”，塘沽站“两峰”分别出现在2006—2007年和2014—2015年，年出现次数均在25 d以上，“两谷”则分别出现在2005年和2010—2012年，年出现次数均不足10 d。大连站海雾出现日数自2001年开始逐年波动递增，至2003年达到第一个峰值，之后开始逐年波动递减，2006年后开始逐年波动递增，2008年、2010年为第二个峰值，之后开始波动递减，2014年为第二个谷值。

羊角沟站海雾出现日数呈“两峰一谷型”，2004年、2006—2007年和2015年海雾出现日数比多年平均值多4～7 d，2008—2011年海雾出现日数则比多年平均值少3～4 d。

长岛站海雾出现日数呈“两峰两谷型”，2005年、2011—2013年为两个谷值年，年出现海雾日数均不足10 d；2007年、2014—2015年则为两个峰值年，年出现海雾日数均在24天以上。

龙口、威海站各年海雾出现日数均较少，年际变化特征不明显。龙口站有3年(2001、2004、2015年)出现日数在10天以上，2年(2005、2011年，均出现2 d)出现日数在5 d以下，其他年份出现日数均在8 d左右。威海站各年海雾出现日数均在10～20 d，最多年(2010、2015年)为19 d，最少年(2009年)为10 d。

成山头站海雾出现日数年际变化特征不太明显，除2010—2013年为连续偏多年外，其他年份基本为偏多年与偏少年交替出现，此外2009年海雾出现日数明显少于多年平均值(减少23.9 d)。

青岛站海雾出现日数呈“两峰两谷型”，2002年为海雾出现日数第一个谷值年，之后开始逐年递增，至2006年达到第一个峰值，之后开始波动递减，至2009年为第二个谷值，之后开始逐年递增，至2014年为第二个峰值。

石岛站海雾出现日数年际变化特征不明显，除2004—2006年为偏多年连续出现外，其他年份多为偏多年与偏少年交替出现。

日照站海雾出现日数则总体呈下降趋势。

黄骅、乐亭站海雾出现日数均呈“双峰型”，两个峰值年均出现在2006—2007年、2013—2014年左右。

2.2.2　季节变化特征

研究表明，我国沿海地区海雾有明显的季节性，集中出现时段由南往北，有先后出现的趋势：广西海雾多出现在12月至次年4月(孔宁谦，1997)，广东沿海集中在2—4月(徐峰等，2012)，台湾海峡集中出现于3—5月(苏鸿明，1998)，浙江沿海地区是4—6月(侯伟芬等,2004),大连海雾多发生在5—7月(汤鹏宇等,2013)。

表2.3为黄渤海海区以及各站春、夏、秋、冬四季平均海雾日数,就黄渤海海区而言,夏季海雾出现的日数最多,是其他季节的1.9~2.5倍,春季次之,秋、冬季则出现最少。表明黄渤海海区海雾的分布具有很强的季节性。

表2.3 黄渤海海区及各站四季平均海雾日数(d)

台站	春季	夏季	秋季	冬季
秦皇岛	3.1	4.2	4.5	3.3
绥　中	3.7	7.9	6.1	3.1
营　口	2.5	0.9	3.3	4.8
丹　东	7.4	15.2	6.7	3.3
塘　沽	1.8	0.5	5.5	7.5
大　连	8.0	14.9	2.9	3.8
羊角沟	0.9	0.5	3.3	5.8
长　岛	3.7	6.5	1.5	3.4
龙　口	1.2	1.1	1.7	4.2
威　海	3.9	6.9	0.7	2.2
成山头	24.5	52.7	2.3	5.5
青　岛	14.1	21.5	4.1	8.5
石　岛	10.9	24.3	2.8	3.1
日　照	8.4	10.5	2.3	4.3
黄　骅	1.5	1.9	4.8	7.5
乐　亭	3.0	5.6	8.5	8.6
黄渤海海区	34.5	64.9	26.5	26.2

但海雾季节分布的区域性差异很大,就各站而言,海雾出现日数的季节分布特征随地理位置的差异而明显不同。图2.4为黄渤海海区各站各季节海雾平均出现日数。

渤海西北部沿海的秦皇岛、绥中站海雾出现最多是在夏、秋季节,冬、春季节出现相对较少,其中秦皇岛站各季海雾出现日数相差不大。

辽东半岛西岸的营口站以冬季海雾出现最多,秋季次之,春、夏季节出现较少;渤海西部的塘沽、黄骅、乐亭站,渤海南部的羊角沟、龙口站则是以冬季海雾出现最多,秋季次之,春、夏季节出现较少,与曲平等人(曲平等,2014)研究结果相同;其中黄骅、乐亭站夏季海雾出现日数略多于春季,其他四站则是春季略多于夏季。乐亭站冬季海雾出现日数仅比秋季多0.1 d。

黄海北部的大连、丹东站,山东半岛北部的长岛、威海站,山东半岛南部的成山头、青岛、石岛、日照站均是夏季海雾日数出现最多,春季次之,秋、冬季出现较少,这与李建华等(李建华等,2010)、孙连强等(孙连强等,2006)的研究结果一致;其中丹东站秋季海雾出现日数多于冬季,其他七站则均是以秋季海雾出现日数最少。上述八个站点中除长岛站位于渤海外,其余七个站点均在黄海海区。

综上分析,可以看到,黄海海区内各站海雾日数的季节变化特征较为一致,而渤海海区内各站海雾日数的季节变化特征则因地理位置的差异而显著不同。这表明不同季节海雾发生的大气环流背景具有显著的差异。张苏平等(2007)分析了低层大气季节变化和黄海雾季的关系时表明,温度层结、湍流强度和高度有明显季节变化,这些变化与海雾季节变化密切关联。

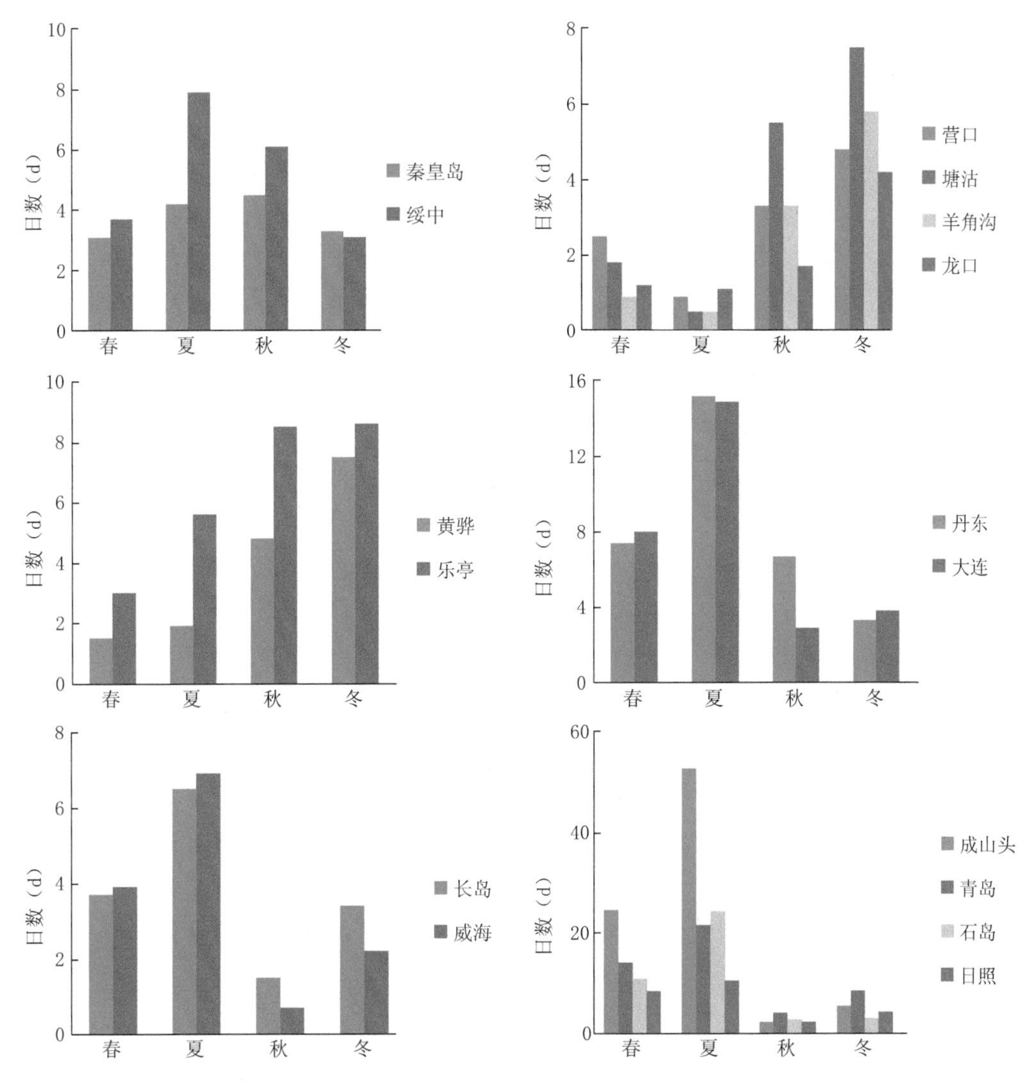

图 2.4　黄渤海海区各站各季节海雾平均出现日数(d)

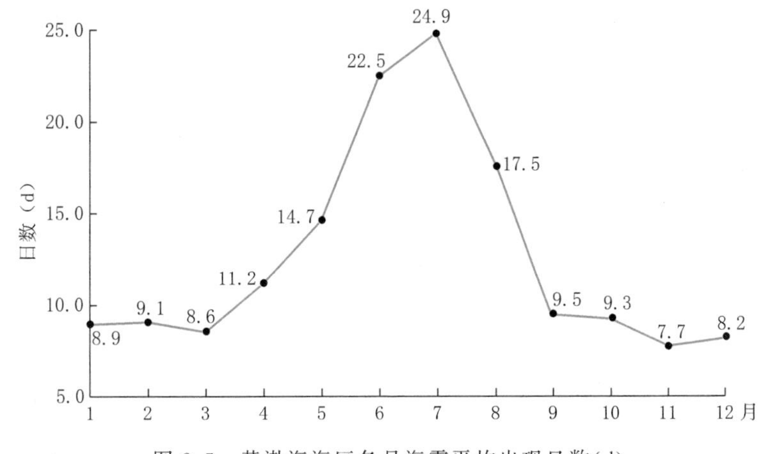

图 2.5　黄渤海海区各月海雾平均出现日数(d)

2.2.3　月际变化特征

黄渤海海区海雾在每年 4 月开始逐渐增多，5—8 月是频发月份，2001—2015 年该时段共出现 1194 d，占全年总数 2284 d 海雾日的 52.3%；其中以 7 月份海雾出现最多，达 24.9 d，占全年日数的 16.3%（见图 2.5）。由此可见，黄渤海海区海雾月际变化显著，这主要取决于区域性海陆热力性质差异和大尺度环流调整共同作用的结果。有研究指出："海雾区分布与 24～25℃ SST（海表面水温）紧密关联"，8 月后因西太平洋副热带高压脊线稳定在 30°～35° N 之间，黄海盛行偏东风，水汽输送明显减少，SST＞25℃，海温高于气温，海气界面不稳定，雾季终止。

各站海雾出现日数月际变化规律因地理位置差异而不同，图 2.6 为各站各月海雾平均出现日数。

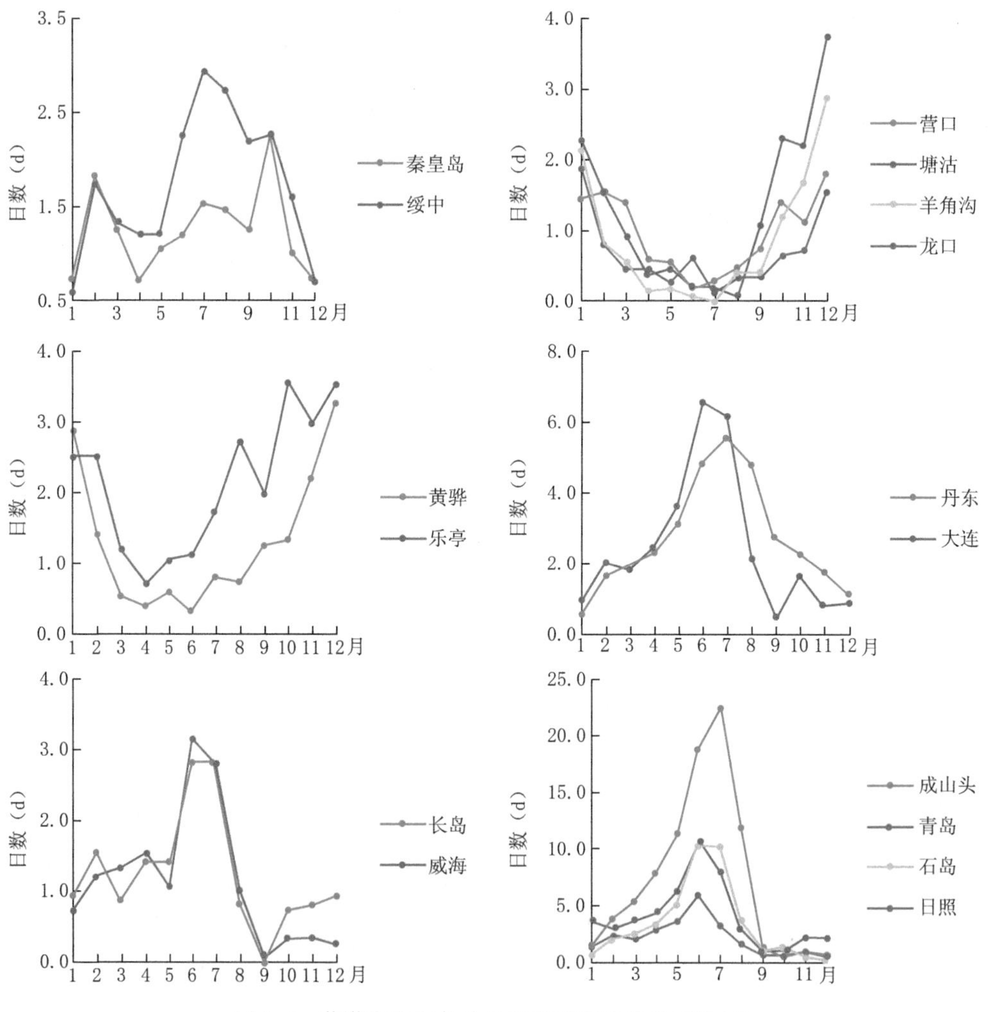

图 2.6　黄渤海海区各站各月海雾平均出现日数(d)

黄海海区内各站月际变化特征与黄渤海海区相似，4—8 月出现次数较多，占全年海雾日数的 63.3%～84.6%，其他月份则出现较少；其中成山头站以 7 月份出现最多，占全年总日数的 26%，其他 6 站则均是以 6 月份出现最多。

渤海海区内各站海雾出现日数月际变化规律与黄海海区存在较大差异,长岛站海雾出现日数月际变化与黄海海区内各站类似,以 4—8 月出现为最多,占全年日数的 61.1%;秦皇岛、绥中站类似,各月海雾出现日数则呈波动分布,1 月海雾极少出现,日数均不超过 1 天,2 月份较多,之后开始逐月减少,至 4、5 月到最少,6 月开始增多,7 月达到第二个峰值,之后又开始减少,9 月到达谷值,之后 10 月为第三个峰值,随后急剧减少;营口、塘沽、羊角沟、龙口、黄骅、乐亭站海雾出现日数月际分布相近,1 月份开始海雾出现日数开始减少,4—8 月为少发期,仅占全年海雾出现日数的 7.7%~28.8%,9 月份后又开始逐月增多,除龙口站为 1 月份海雾出现日数最多外,其余 5 站均以 12 月份出现日数为最多,塘沽、羊角沟、黄骅站 12 月海雾日数占全年总日数的 20%以上。

图 2.7 为黄渤海海区各站各月多年平均海雾日图,站点自下而上从山东半岛南部的日照到渤海西部的黄骅,该图更直观地反映了黄渤海沿岸雾区的频率变化和南北移动。从图中我们容易发现,黄渤海沿岸的雾存在明显的年变化和地区差异。随着时间的推后(1—12 月),雾区由南向北推移,图中显示两个多雾中心:山东半岛近海沿岸日照至成山头一带雾季在 5—8 月,该雾区以成山头为中心,成山头雾季各月多年平均雾日均在 10 d 以上,7 月更是高达 22.3 d;黄海北部沿岸雾季在 6—7 月,其雾季各月多年平均雾日为 5~7 d;进入渤海海雾日频率迅速降低。

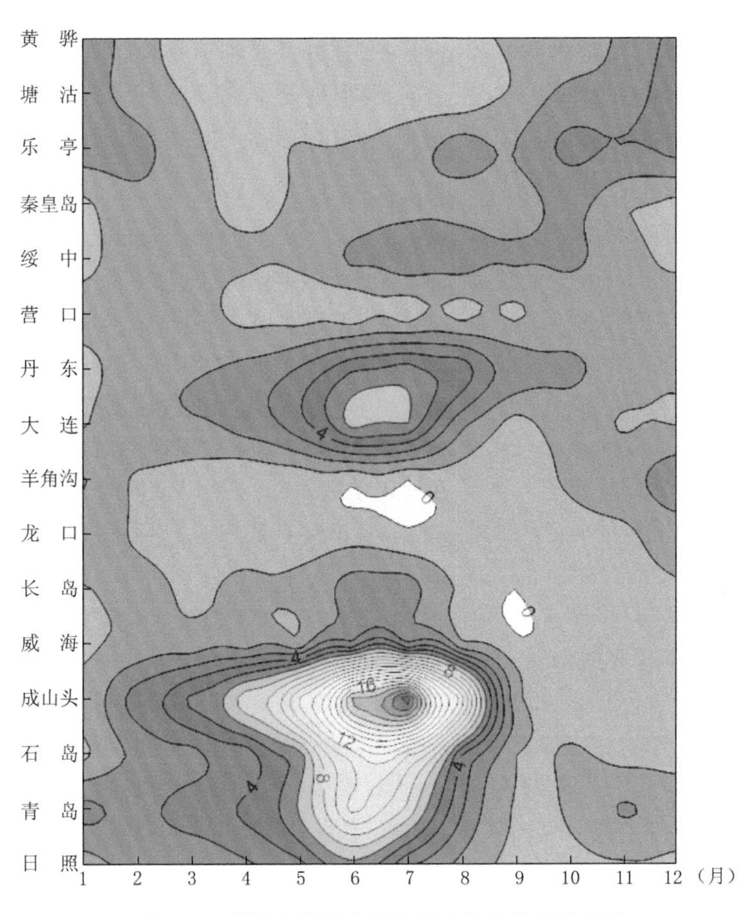

图 2.7　黄渤海海区各站各月多年平均海雾日图

1 月，各海区雾日较少。山东半岛南部以及北部沿海各站多年平均海雾日在 1 d 左右，其中青岛站较多，为 3.5 天；黄海北部大连、丹东站多年平均海雾日数不足 1 d；渤海沿岸各站海雾日数相对较多，秦皇岛、绥中站多年平均海雾日数不足 1 d，其余各站均在 2 d 左右，黄骅站为 2.9 d。

2 月，黄海海区内各站海雾日数均多于 1 月；而渤海海区多数站点海雾日数则呈下降趋势。

3—4 月，黄海海区内各站海雾日数缓慢增加，成山头站增幅最为明显，4 月份平均雾日已达 7.8 d；而渤海海区内海雾日数则呈继续减少趋势。

5—6 月，黄海海区内各站海雾日数剧增，雾区扩大，成山头、青岛、石岛站本月海雾日均在 10 d 以上，成山头站更是多达 18.6 d；渤海海区内各站海雾日数则仍无明显变化或继续呈减少趋势。

7 月，成山头站海雾日数在 6 月的基础上继续增多，多年平均达到 22.3 d，丹东站海雾日数同样有所增多，黄海海区内其他各站海雾日数均呈减少趋势；而渤海海区内各站海雾日数已开始呈现增多趋势。

8 月，海水温度升高，雾日急剧减少。除成山头站多年平均海雾日为 11.9 d、丹东站为 4.8 d 外，其余各站多年平均海雾日数均在 4 d 以下。

9 月之后，黄海北部沿岸大连、丹东站以及青岛站易生成辐射冷却雾，使其各月多年平均雾日达到 1～2 d，黄海海区内其他各站 9—12 月各月多年平均雾日均不足 1 天；渤海海区则逐渐进入相对的海雾多发季节，除秦皇岛、绥中站 9—12 月各月多年平均雾日逐渐减少外，其余各站则均呈增多趋势，至 12 月，黄骅、塘沽、乐亭站均在 3 d 以上，羊角沟站为 2.9 d，营口、龙口站分别为 1.8 d、1.5 d。

2.2.4 不同站数同时出雾日数的季节差异

图 2.8 是 2001—2015 年多年春、夏、秋、冬各季不同站数同时出雾日数占总日数的百分比，横坐标为同时出雾的站数。比较各季的情况我们发现，不同站数同时出雾日数的季节差异较大，这反映出黄渤海沿岸同时出雾的范围季节差异较为明显。春、夏、冬三季不同站数同时出雾日数占总日数的百分比大致都随着出雾站数的增多而递减直至 0，其中春季 3 站至 8 站同时出雾日数占总日数的百分比随出雾站数增多大致呈线性递减，秋季的递减率略大于春季，夏季 1～2 个站同时出雾日数的百分比递减较慢，3 站以上同时出雾日数占总日数的百分比随站数增多递减较快；冬季不同站数同时出雾日数占总日数的百分比并不完全随出雾站数的增多而递减，4 站、8 站、13 站同时出雾日数百分比分别大于 3 站、7 站、12 站。春、夏、秋、冬各季的无海雾日数占各季总日数的百分比分别为 62.5%、29.4%、70.8% 和 71.0%，四季出雾范围最大的站数分别为 13、9、11 和 15 站。

就黄渤海海区而言，图 2.8 反映出春季雾日仅次于夏季但出雾范围最大；夏季雾日最多但出雾范围偏小；秋季雾日少且范围小；冬季雾日略低于秋季，但出雾范围有所增大。从全年不同站数同时出雾日数占总日数的百分比来看，年无雾日数占年总日数的百分比为 58.4%，即就黄渤海海区而言，全年有 41.6% 的有雾日。

2.2.5 日变化特征

海雾的日变化与太阳辐射的日变化关系密切，并受当地的海陆分布和局地环流影响很

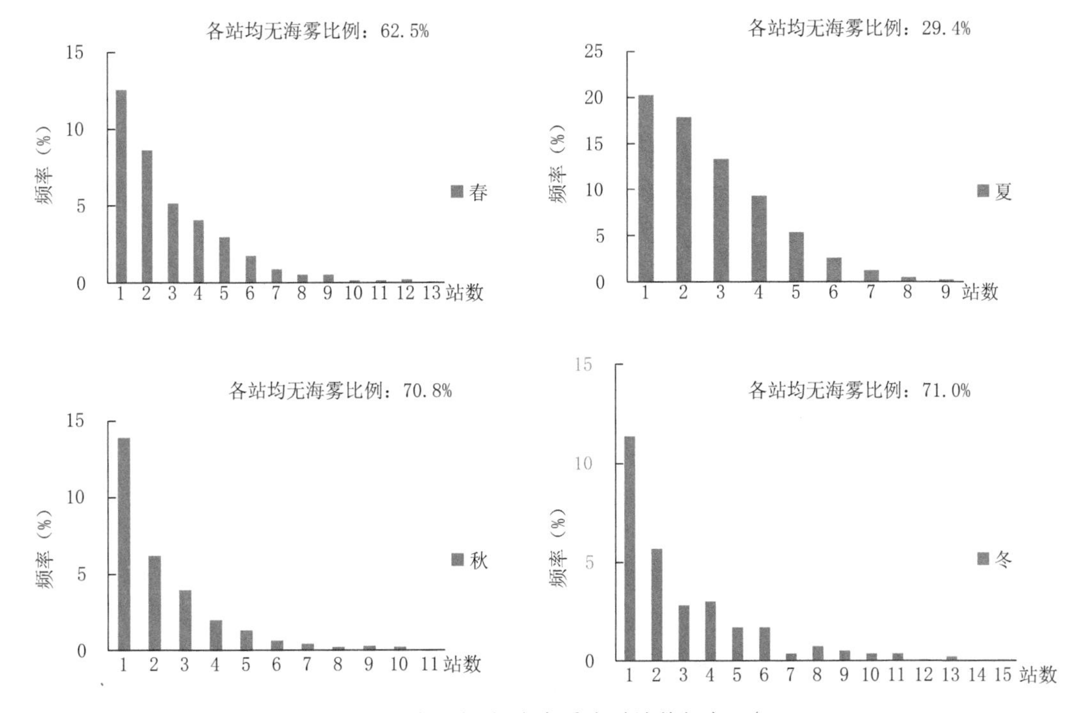

图 2.8　春、夏、秋、冬各季出雾站数频率（%）

大，有越靠近海岸处越明显的现象。

海雾生成后，白天随着太阳辐射的加强，陆地升温比海洋快且温度也比海洋高，所以陆地部分的海雾很快消散，而海面上的同一块海雾因为海水的比热较大而升温较慢，只要大的天气形势没有改变，海雾则会继续存在，只是在位置和边界形状上略有变化。从成雾时间上看，绝大部分海雾不如辐射雾那样出现在凌晨气温较低时，而是比前者提前到午夜时分，并且也可以在白天时段内生成。

我国沿海地区存在着明显不同的海雾日变化，广西海雾多集中在 02—05 时（孔宁谦，1997），广东集中在 02—08 时（徐峰等，2012），台湾海峡 05—07 时最多（苏鸿明，1998），浙江沿海地区是 04—06 时最为集中（侯伟芬等，2004），大连海雾多发生在 05—08 时（汤鹏宇等，2013）

海雾存在的时间与陆地上的雾相比规律性较差，它有可能在一天之中任何时段生成和消散，日变化较小。由本文 16 个选站逐 3 小时整点观测数据统计，一天之中，午夜至上午 08 时海雾存在的频率较高，11 至 17 时存在频率较低，这是因为午夜以后海面气温下降较快，贴近海面的空气层比较稳定，容易形成雾，而白天正午前后气温上升，低层空气不稳定，海雾不易形成，即使出现也往往由于低层扰动强而形成低云。

以营口、成山头两站为例，具体分析黄渤海沿岸海雾生消的变化规律。图 2.9 是营口、成山头站 2001—2015 年逐 3 小时海雾概率图。营口代表受陆地影响大的沿岸站雾的日变化情况。营口位于辽东湾东北部，一面临海、三面靠陆，受海洋影响小、陆地影响大，因此该选站雾的生成时间与内陆较为相似，午夜至上午 11 时海雾存在概率较高，尤其以 08 时最高，概率达 28.5%，下午至前半夜海雾存在的概率很小，均不超过 10%，尤其是 14—17 时，海雾存在的概率为 4.7%～6.2%，这是因为陆地上清晨日出前后，地面辐射冷却较海面强，雾的生成频率较高，而上午太阳辐射加强，地面升温比海面快得多，导致湍流迅速加强，雾更易消散或被抬升为低云的缘故。成山头代表了主要受海洋影响的沿岸站海雾的日变化情况。成山头位于山东半岛东北角，该选站三面环海、仅一面靠陆，受海洋影响非常大，表现出海雾日变化规律与受陆地影响大的选站有明显的不同，成山头海雾的日变化相对于营口站小很多，即使正午前后海雾生成的概率也较大，这正是海陆环境影响造成的。

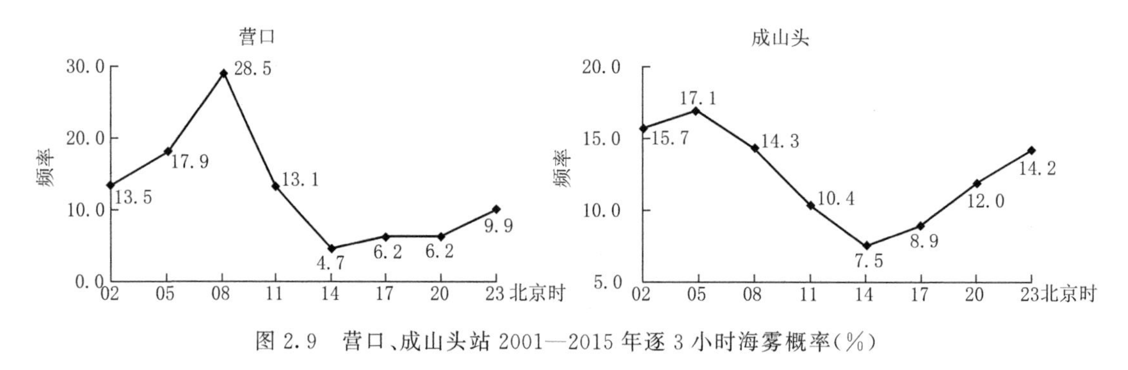

图 2.9 营口、成山头站 2001—2015 年逐 3 小时海雾概率(%)

2.3 黄渤海海雾的持续性特征

海雾有一个重要的特点是持续时间长，海雾生成后如果环流形势不发生变化，雾就能够维持下去，因为稳定的形势意味着有稳定的风向和适度的风速以及持续的大气稳定度，这是海雾形成的重要 条件。以下我们将就海雾日的连续性对黄渤海沿岸海雾的持续性特征作具体讨论。

为了对黄渤海沿岸海雾的持续性特征有更完整的认识，本文对各选站 2001—2015 年不同连续雾日的频数作了统计，结果表明，在黄海沿岸，持续 3～4 d 的雾是比较常见的，其中成山头站有记录的最长连续雾日为 26 d，青岛、石岛站最长连续雾日也达到 11 d；渤海沿岸海雾的连续日数较短，通常为 1～2 d，多则 3～4 d，但塘沽站也有过连续雾日 7 d 的记录。

图 2.10 是黄渤海各选站 2001—2015 年不同连续雾日加权平均得到的连续雾日，该图更直观地反映了各选站海雾连续日数的情况。连续雾日最长的区域分布在山东半岛南部近海沿岸，其中成山头的连续雾日为 3.3 d；渤海沿岸的连续雾日则较短，除秦皇岛站的连续雾日为 1.6 d 外，其余各选站的连续雾日均在 1.5 d 以下。

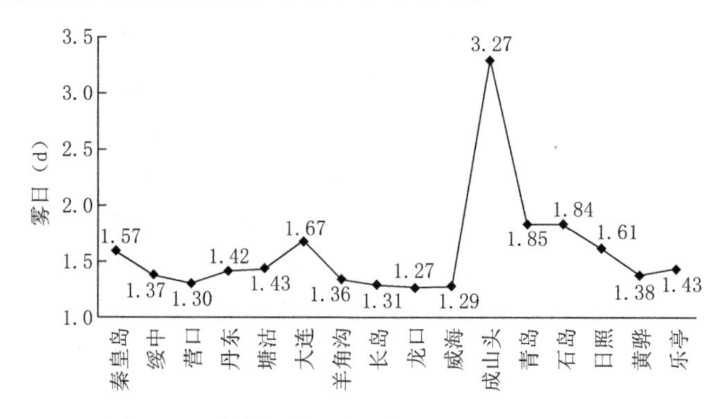

图 2.10 黄渤海沿岸各站加权平均连续雾日(d)

参考文献

侯伟芬,王家宏,2004.浙江沿海海雾发生规律和成因浅析[J].东海海洋,22(2):9-12.

黄彬,毛冬艳,康志明,等,2011.黄海海雾天气气候特征及其成因分析[J].热带气象学报,27(6):920-929.

孔宁谦,1997.广西海雾特征分析[J].广西气象,18(2):41-45

李建华,崔宜少,李爱霞,2010.山东半岛及其近海大雾的统计与分析[J].海洋预报,27(6):51-56.

曲平,解以扬,刘丽丽,等,2014.1988—2010年渤海湾海雾特征分析[J].高原气象,33(1);285-293.李建华,崔宜少,李爱霞,2010.山东半岛及其近海大雾的统计与分析[J].海洋预报,27(6):51-56.

苏鸿明,1998.台湾海峡海雾的气候分析[J].台湾海峡,17(1):25-28.

孙安健,黄朝迎,张福春,1985.海雾概论[M].北京:气象出版社.

孙连强,曹士民,柳淑萍,等,2006.丹东附近海域海雾的特征及其海洋、大气背景条件分析[J].海洋预报,23(8):22-29.

汤鹏宇,何宏让,阳向荣,2013.大连海雾特征及形成机理初步分析[J].干旱气象,31(1):62-69.

王彬华,1948.青岛天气[C].青岛:青岛观象台学术期刊.

王彬华,1983.海雾[M].北京:海洋出版社.

王厚广,曲维政,1997.青岛地区的海雾预报[J].海洋预报,14(3):52-57.

王鑫,黄菲,周发琇,2006.黄海沿海夏季海雾形成的气候特征[J].海洋学报.28(1):26-34.

徐峰,王晶,张羽,等,2012.粤西沿海海雾天气气候特征及微物理结构研究[J].气象,38(8):985-996.

许向春,张春花,林建兴,等,2009.琼州海峡沿岸雾统计特征及天气学预报指标[J].气象科技,37(3):323-329.

张红岩,周发琇,张晓慧,2005.黄海春季海雾的年际变化研究[J].36(1):36-42.

张苏平,鲍献文,2008.近十年中国海雾研究进展[J].中国海洋大学学报:自然科学版,38(3):359-366.

张苏平,杨育强,王新功,2007.黄海上空大气边界层层结季节变化特征[C].黑龙江:中国海洋湖沼学会年会文集.

赵绪孔,泮惠周,张玉俊,等,1990.ENSO与黄海北部海雾[J].黄渤海海洋,8(3):16-20.

第3章 黄渤海海雾气象水文要素特征分析

海雾有不同的类型，如平流雾、混合雾、辐射雾、地形雾等，最常见的是平流冷却雾。在海雾生成条件研究中，一般都是针对平流冷却雾而言。平流冷却雾产生条件是暖空气平流到冷海面上形成的，很显然，这种雾的生成和消散必然与海表温度、大气和海水温差及大气稳定度和风场等气象水文要素有密切关系。

但由于观测时并没有区分雾的类型，凡是在沿海观测到的雾都作为海雾进行了统计。下面从水汽温差、风向、风速、大气稳定度等方面对黄渤海海区海雾的气象水文要素特征进行分析。

利用黄渤海沿岸海洋监测站多年海雾观测资料分析黄渤海海雾的气象水文特征。以位于黄渤海区域5个海洋站点的雾日及相关水文气象要素为研究对象，对该区域内海雾相关气象水文条件进行统计分析。

3.1 资料

选取葫芦岛、塘沽、北隍城、龙口、小麦岛五个历史数据相对较为齐全的黄渤海区域海洋站点。如图3.1所示，其中葫芦岛、塘沽、龙口位于渤海沿岸，北隍城位于渤海海峡中部，小麦岛位于黄海中部。各站点资料的起止年份均为1997—2007年，水温资料偶有少许缺失。5个站点数据均为雾日相关气象水文数据，包括雾时、水温、气温、风速、风向、能见度等资料。

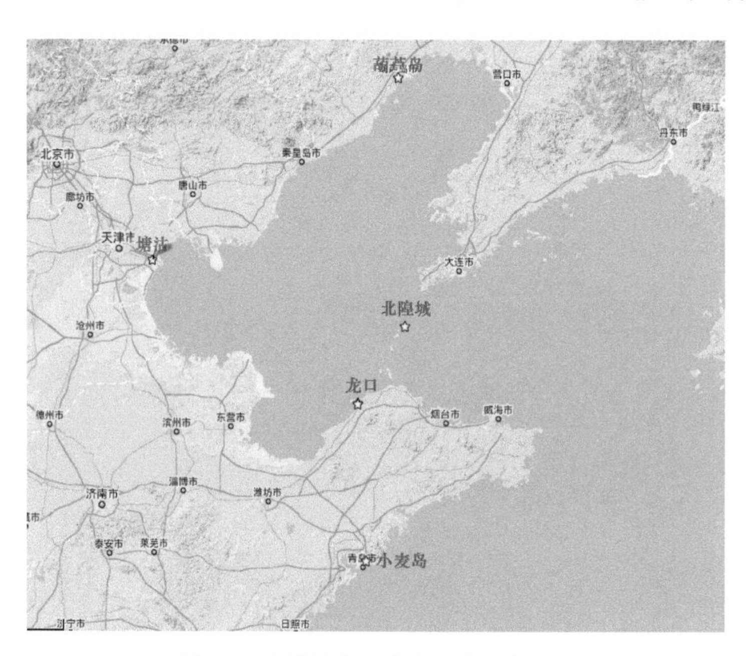

图3.1 黄渤海海区内海洋站点分布图

由于雾日数据只有整点的气象数据和当天的雾时，难以捕捉气象条件对于雾的日变化的影响，所以利用雾生雾消时间的记录，排查无雾状态下的整点数据，可以得到一系列出雾状况下的气象数据资料。

3.2　海温和气温温差作用

王彬华(1983)指出海雾是在海洋影响下出现在海上的雾，其生成是通过增湿和降温使空气达到饱和来完成的。统计分析表明(王彬华，1983；孙安健等，1985；梁军等，2000；黄彬等，2009，2011；王玉国等，2013；曲平等，2014)，我国沿海海雾多为平流冷却雾，冷海面是暖湿空气降温的冷源，较冷的海温场是平流雾产生的基本条件，当暖空气流到较冷的海面上，气温如降至露点温度，空气便可以达到饱和，继续降低，水汽凝结而形成雾。如果海温很高，空气中的水分含量有限，气温便很难降至露点(周发琇，1988)。气温高于海温，有利于海雾形成，但气温高于海温太多，低层空气过于稳定，雾只局限在贴海面层内，雾层很薄，不能向上发展，不能形成具有一定厚度的雾(黄彬等，2009)。所以，冷海面的存在是海雾形成的重要特征之一，适宜的海温和海—气温差在海雾形成时起了决定性的作用。

王彬华(1983)指出，中国近海平流冷却雾成雾的气—水温差范围为 $0.5℃ \leqslant (T_a - T_w) \leqslant 3℃$，其中 T_a 为气温、T_w 为海表温度，若 $(T_a - T_w) > 5℃$ 或 $(T_a - T_w) < 0.1℃$ 时，一般不能形成雾。当气—水温差为正值时，暖空气从冷海面上流过，热量从空气向海面输送，空气冷却达到饱和或过饱和状态，凝结成雾；另外当气—水温差为负值时，在近海面层空气温度直减率小于干绝热直减率(未饱和状态)或小于湿绝热直减率(饱和状态)的条件下，只要二者温差不太大，仍然可以形成平流冷却雾。

图 3.2 是葫芦岛、塘沽、北隍城、龙口、小麦岛站点出雾时段整点的气—水温差，可以看到，黄渤海沿海海雾的生消具有明显的日变化，相同年代时期内不同时段雾生的记录个数有多有少反映出该站点 08、14、20 时雾生频次的多少。上午 08 时、下午 14 时、夜间 20 时三个时段内，08 时有雾的情况最多，下午 14 时次之，夜间有雾的情况更少。值得注意的是渤海沿海塘沽站、葫芦岛站下午和夜间出雾的频次都较少，另外位于黄渤海开阔水域的北隍城、小麦岛其下午、夜间出雾的频次较多。对比气—水温差曲线图的折线密集程度可以看到，10 年间的成雾频次渤海明显少于黄海。渤海沿岸由于地处内海，水汽来源较黄海差，加之处于渤海湾西南大风可以使空气中的水分快速蒸发，所以黄渤海海域的雾次数明显南部大于北部。可见地理位置尤其是海陆分布以及高低纬度海—气系统的不同都对雾生的分布规律有重要影响。

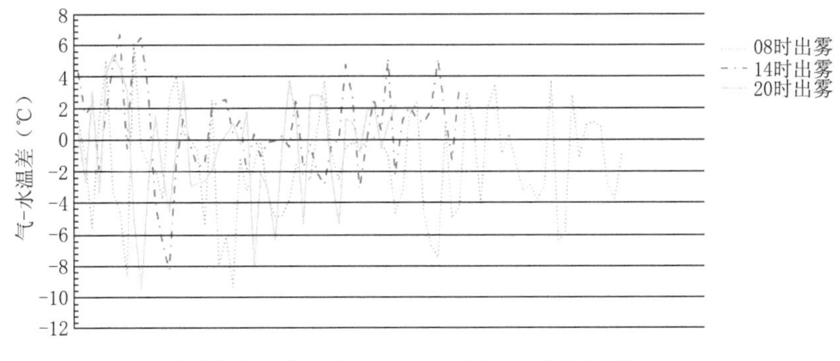

葫芦岛站出雾时段08时、14时、20时气—水温差曲线图

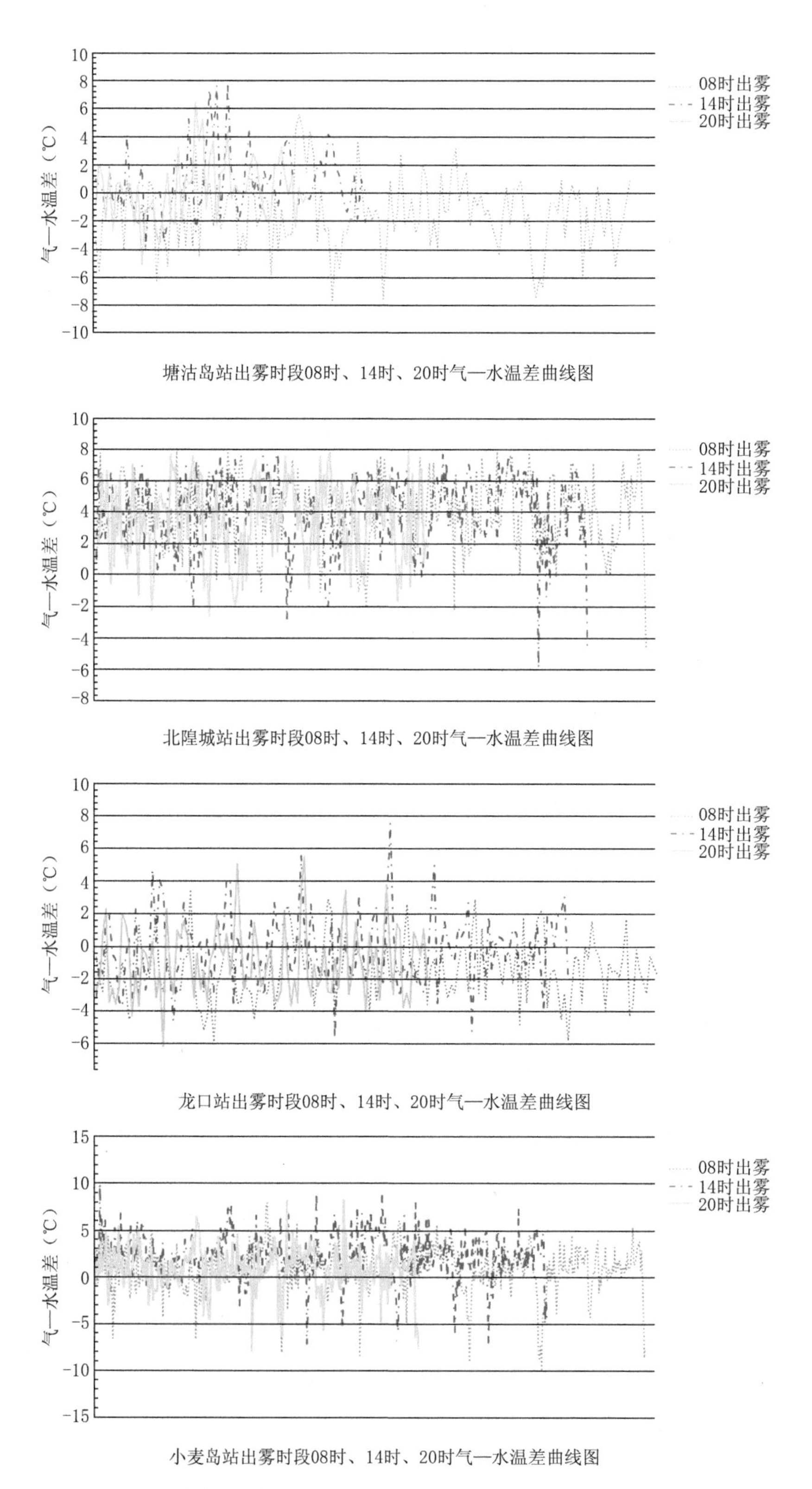

图 3.2 葫芦岛、塘沽、北隍城、龙口、小麦岛站出雾时段整点气—水温差

从图 3.2 可以看出，雾生时段内的气—水温差实际要比上述范围宽广得多，大部分站点气—水温差在 −8～8℃左右的范围内均有成雾的可能，且靠近沿岸的站点（如塘沽、葫芦岛站）在早晨容易达到气—水温差的最低临界值，下午最容易出现气—水温差的最高临界值；开阔海域附近的站点（如北隍城和小麦岛）则较为平均，在全天时间都可出现气水温差的最高值和最低值。另外北隍城站点的雾生时段气—水温差的范围较为窄小，为 −2～7℃左右，这可能和其位于渤海海峡、近距离范围内没有大面积陆地影响气象水文要素有着较大关系。

3.3　风场特征分析

海雾出现在特定的天气形势下，而天气形势最为明显的表现是在风场上。低空风场通过影响暖湿气流输送，从而造成低层温度和湿区的异常，进而为海雾的发生提供有利的背景条件。北太平洋西部的海雾，基本上都是平流雾。冬季北风和西北风较强的时候且频率很大，空气属性很不稳定，因此成雾率相对较少。春、夏季节由于气—水温差反向变化，气温高于水温，出现正的差值，为平流冷却雾的生成提供了有利条件。虽然这个季节南向风很强，但是空气属性稳定，成雾的条件较为充分，因此黄渤海大部分海域都盛行平流冷却雾。

一般来说，适宜的风向风速有利于暖湿气流的输送，有利于雾的生成和维持。理论上，在偏南风的条件下有利于雾的生成，风速过大或过小都不利于成雾。一般情况下，平均风力大于 10 m/s 的风容易导致雾的消散。然而从观测事实来看，任何风向下都有可能生成雾。从下面各站出雾时段风速风向玫瑰图可以看出偏南风并不一定是各站生成雾最多的风向，有时候偏北风或风速较大的情况下生成雾的概率也较大。在有利的风向条件下还必须有适宜的风速匹配，才能使足够的暖湿气流平流成雾。然而在有些情况下，风速即使大于 10m/s 仍然可以生成雾，但仅从目前选站的资料来看，黄渤海区域风速>10 m/s 仍然出雾的情况极少。

图 3.3—图 3.7 分别为 5 个站上午、下午和夜间出雾时段的整点风向风速玫瑰图，其中蓝色区域代表风速<10 m/s，黄色区域代表风速在 10～20 m/s 之间，绿色区域代表风速 20～30 m/s 之间。

葫芦岛站上午多在西南风条件下出雾，且在风速基本都<10 m/s 的情况下有较大成雾频次；下午出雾多在偏南风条件下，风速<10 m/s 的情况下有较大成雾频次；夜间出雾时段以西南风向为主，只有风速<10 m/s 时才有可能成雾。

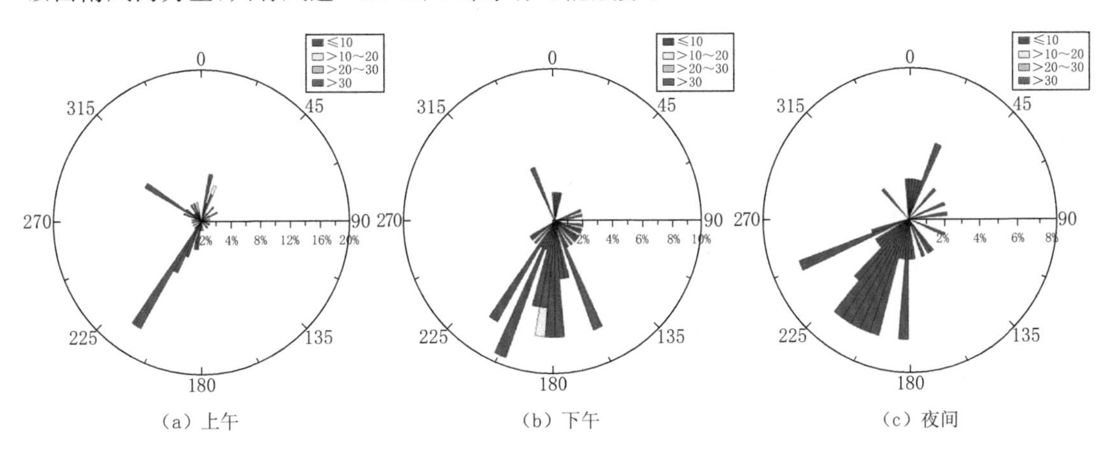

图 3.3　葫芦岛站上午(a)、下午(b)和夜间(c)出雾时段的整点风向风速玫瑰图(m/s)

塘沽站上午出雾时以偏西到西北风为主,风速＞10 m/s 时出雾情况极少;下午和夜间出雾时段风向均较为平均,雾生的风速条件为＜10 m/s。

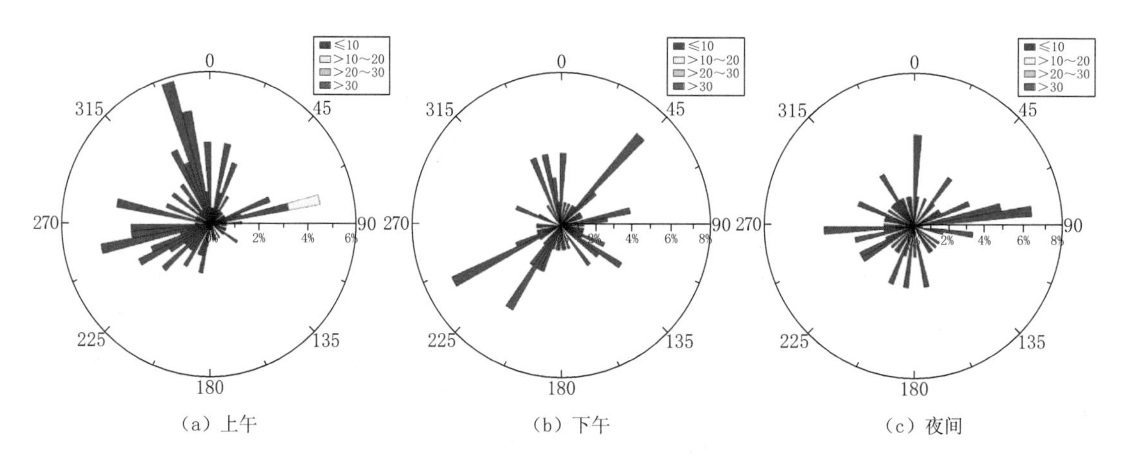

(a) 上午　　(b) 下午　　(c) 夜间

图 3.4　塘沽站上午(a)、下午(b)和夜间(c)出雾时段的整点风向风速玫瑰图(m/s)

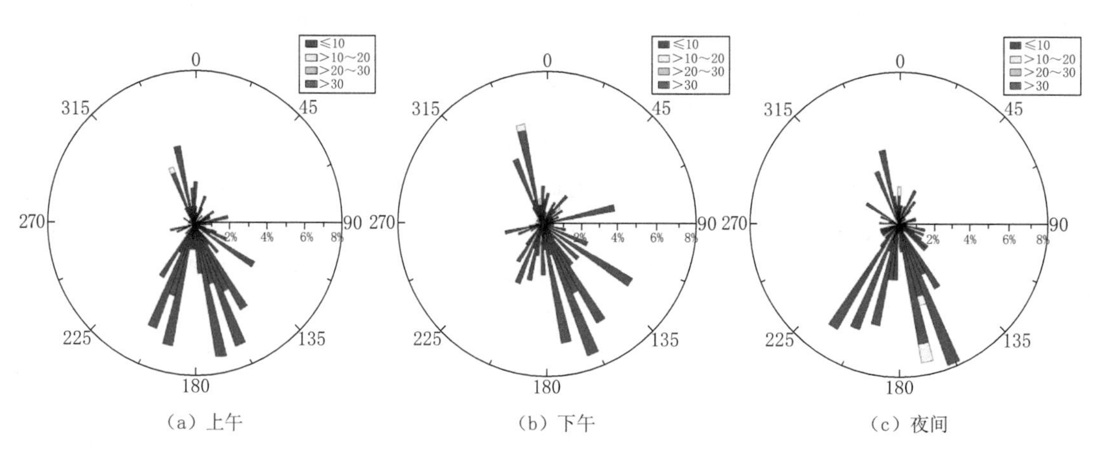

(a) 上午　　(b) 下午　　(c) 夜间

图 3.5　北隍城站上午(a)、下午(b)和夜间(c)出雾时段的整点风向风速玫瑰图(m/s)

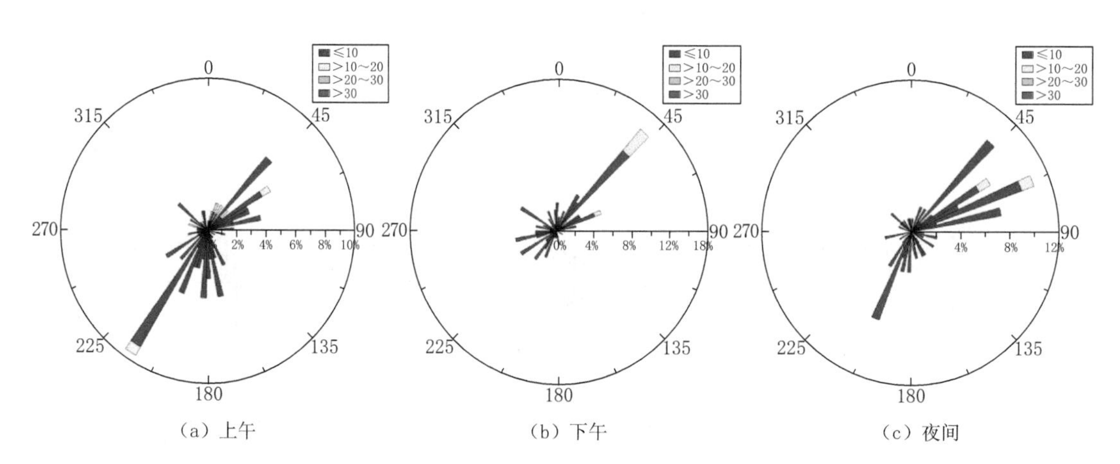

(a) 上午　　(b) 下午　　(c) 夜间

图 3.6　龙口站上午(a)、下午(b)和夜间(c)出雾时段的整点风向风速玫瑰图(m/s)

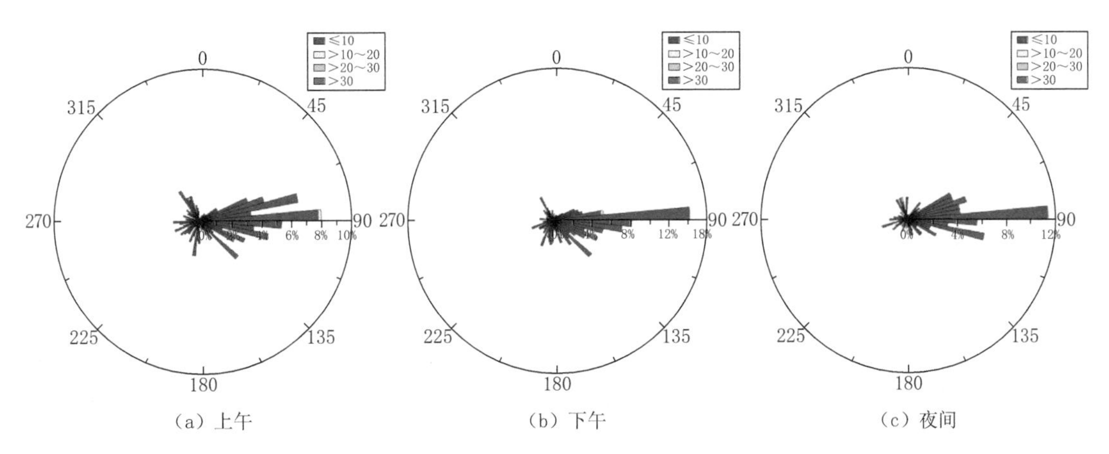

图 3.7　小麦岛站上午(a)、下午(b)和夜间(c)出雾时段的整点风向风速玫瑰图(m/s)

北隍城站上午出雾时段以西南和东南风为主，风速几乎都为<10 m/s；下午出雾时段风向多为东南风，西北风时出雾频次也较大，且风速>10 m/s 的情况极少；夜间西南和东南风出雾频次都比较大，但风速>10 m/s 条件下依然成雾的可能性尚存。

龙口站上午出雾时段西南风向偏多，东北风向出雾频次也较高，且风速>10 m/s 仍可成雾；下午东北风条件下出雾的情况偏多，且东北风风速>10 m/s 仍有雾生现象；夜间东北风条件下出雾频次最大，其次为西南风，夜间东北风风速>10 m/s 条件下仍有出雾可能。

小麦岛站上午、下午和夜间雾生均多在吹偏东风的情况下，风速几乎都在 10 m/s 以下。

3.4　大气稳定度特征分析

海雾是发生在大气边界层中的天气现象，低层逆温层结可以阻挡水汽向高层输送，抑制低层大气的对流发展，使水汽和凝结核聚积在低空，因此，稳定的大气层结是海雾生成、发展和维持的重要条件。

由于受资料限制，本文仅对大连、青岛 2 站的探空资料进行了统计分析，得到海雾生成时上空大气层结稳定度的分布特征。海雾形成时在低层大气中总存在一个逆温层或等温层，出现频率在 65%左右(表 3.1)。这说明海雾是大气处在稳定层结状态下的一种凝结现象。资料统计表明，逆温层的顶高大约在 500 m 以下，大多逆温层从海面开始，由于冷海面的作用，底层大气与海面因湍流发生温、湿交换，促使底层大气层结趋于稳定并产生逆温层，7—9 月逆温层和等温层出现的概率均较低，这与夏季海水温度较高有关。逆温层犹如一个无形的干暖盖，抑制了低层大气的对流发展，阻挡水汽向高空扩散，使得水汽聚集在低空，利于海雾的形成。低层扰动加强时，冷暖空气平流亦加强，有风会垂直于等温线吹，有利雾消散。但若近海面有逆温层存在，海面上暖湿空气还可在稳定层的条件下继续冷却，致使海雾浓度增大或延缓海雾消失时间。当逆温层消失后，低层大气稳定度减小，空气扰动进而加强，海雾便随之消散或抬升转成低云。有些海雾不一定有逆温，但逆温层的存在使得低层空气层结稳定，有利于海雾的持续。

表 3.1 大连、青岛站海雾日 08 时逆温层和等温层出现概率(%)

月份	1	2	3	4	5	6	7	8	9	10	11	12	全年
大连	85.7	96.7	78.6	89.2	81.8	63.9	30.3	51.5	42.9	75.0	66.7	61.5	64.7
青岛	69.8	79.5	81.5	83.1	86.8	67.7	40.4	21.7	30.8	62.5	57.6	83.9	65.6

3.5 地理环境差异

海流是影响海雾形成的水文因素之一。由于黄海近岸海域有冷流自北向南流过，这些冷海流所经过的海面，常为平流冷却雾的生成源地。特别是表层水温梯度比较大的冷暖海流交界区域，在偏南风的作用下从南海和东海向黄海不断输送充沛的暖湿空气，流经黄海的冷流水面时，暖湿空气在冷流上迅速降温冷却，空气达到饱和；同样，由于岸边附近海水温度受太阳辐射和陆地影响，表层水温上升，外海水域海面升温则相对缓慢，沿海水温明显高于外海水温，在水平温度梯度比较大的海陆交界地区，海雾也较为常见。即使在同一海域，雾的分布也不完全均匀，在春、夏季节有上升流从深层流向海面的海域，那里的海面温度比其周围的海区温度低，则该处雾生的频次在黄渤海域居首位。

另外，不同地理位置与海陆环境差异造成雾生时段风速风向差别很大。一般来说，从海上向陆地的风向更利于有雾生成，海上光滑的下垫面可能造成近岸成雾的风速上限值低于开阔洋面的临上限值。本文中最为特殊的塘沽站，西靠大陆，东面向海，然而出雾时各种风向皆有一定的可能性，甚至在早晨时段西北风和西风条件下出雾较多，这种情况是出于塘沽站复杂的上游地表引起特殊的海陆差异效应，还是归结于塘沽成雾多属平流雾以外的性质，还有待进一步研究。

参考文献

黄彬，高山红，宋煌，等，2009. 黄海平流海雾的观测分析[J]. 海洋科学进展，27(1)：16-23.
黄彬，毛冬艳，康志明，等，2011. 黄海海雾天气气候特征及其成因分析[J]. 热带气象学报，27(6)：920-929.
梁军，李燕，2000. 大连及其近海海雾分析[J]. 辽宁气象，(1)：5-8.
曲平，解以扬，刘丽丽，等，2014. 1988—2010 年渤海湾海雾特征分析[J]. 高原气象，33(1)：285-293.
孙安健，黄朝迎，张福春，1985. 海雾概论[M]. 北京：气象出版社.
王彬华，1983. 海雾[M]. 北京：海洋出版社.
王玉国，章晗，朱苗苗，等，2013. 辽东湾西岸海雾特征分析[J]. 海洋预报，30(4)：65-69.
周发琇，1988. 海雾的水文气象特征[J]. 海洋预报，5(4)：84-94.

第 4 章　黄渤海海雾形成和维持的主要天气形势

天气形势是边界层内形成海雾的重要背景和条件，海洋上的平流雾是在某些特定的天气形势下形成的，王彬华(1983)在《海雾》中已经进行了综述。

近 10 年来，沿海气象部门纷纷加强了对辖区内海雾天气气候规律和预报方法的研究。梁卫芳等(2001)统计分析了青岛海雾的天气型，并总结了青岛海雾的 3 个预报指标。侯伟芬等(2004)分析了浙江沿海海雾的时间分布和地理分布的规律及其成因。孙连强等(2006)使用常规气象观测资料和卫星遥感资料，揭示了丹东附近海域海雾的变化规律和海雾形成期间的大气、海洋背景条件，并提出了丹东附近海域海雾的天气学预报方法。许向春等(2009)分析了琼州海峡沿岸雾的气候统计特征，并总结了产生琼州海峡沿岸雾的 3 种天气形势，根据雾的类型提出了相应的预报指标。这些研究成果，对于认识海雾的天气背景和短期预报是很有价值的。

海雾天气型主要指不同海区、不同季节海雾发生的大气环流背景和主要影响系统等。本研究除了通过统计和天气分析方法研究海雾，还通过合成分析方法，分析了黄渤海沿海海雾的发生发展特征和成因，针对持续时间较长，影响较大的海雾进行了分析，进而得到相应的预报着眼点，为宁波沿海海雾预报服务提供更好的参考。

黄渤海海雾主要是在四种天气形势下形成和维持的，包括东高西低型、副高边缘型、低压前部型和均压场型。

4.1　东高西低型

亚洲大陆上的冷高压移至海上，中国北部海区处于高压西侧，高压刚入海的 1～2 d，渤海和黄海北部处于偏南气流控制，暖湿空气被吹带到北部海区沿岸，风力较弱时易出现平流冷却海雾。

图 4.1 是东高西低型海雾日的典型形势场。从图 4.1a 可以看到，渤海和黄海都由低压区所控制，而其东侧为高压区，这种东高西低的地面形势使得该地区地面为偏南风；分析其高空图(4.1b、c、d)可以看到，在对流层的中低层 3 个层面上渤海和黄海地区都处在槽前西南气流控制下，同时暖脊较明显。这种高低空的配合使得该海域处在深厚的暖湿气流控制下，易形成雾区广、浓度大且持续时间较长的海雾过程。

东高西低型常在其周围伴有下列三种天气系统之一：西有低压、西有气旋或南有气旋。当东部高压伴有上述任一种天气系统就能促使海雾的增强并扩大其控制范围。特别是高压或高压脊南部伴有气旋时，低值等压线北抬为山东半岛北部和渤海带来暖湿的东南风。如果东部高压的西部也是一个高压，即使北部海区为弱东南风控制，也很难在黄渤海海面上形成海雾。

图 4.1e—h 分别是 2012 年 4 月 23 日海雾个例中地面、500 hPa、700 hPa、925 hPa 形势图。

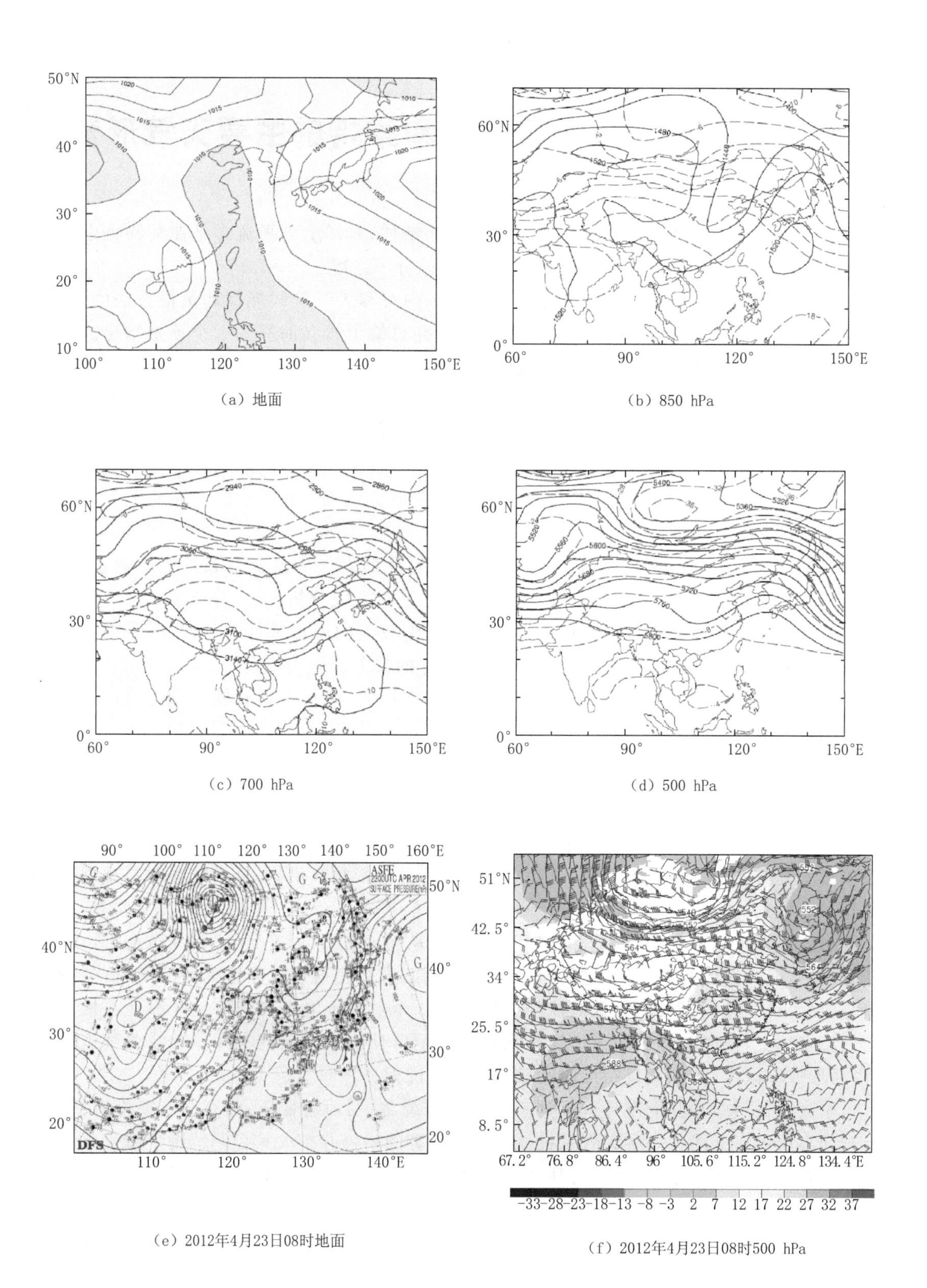

（a）地面　　（b）850 hPa

（c）700 hPa　　（d）500 hPa

（e）2012年4月23日08时地面　　（f）2012年4月23日08时500 hPa

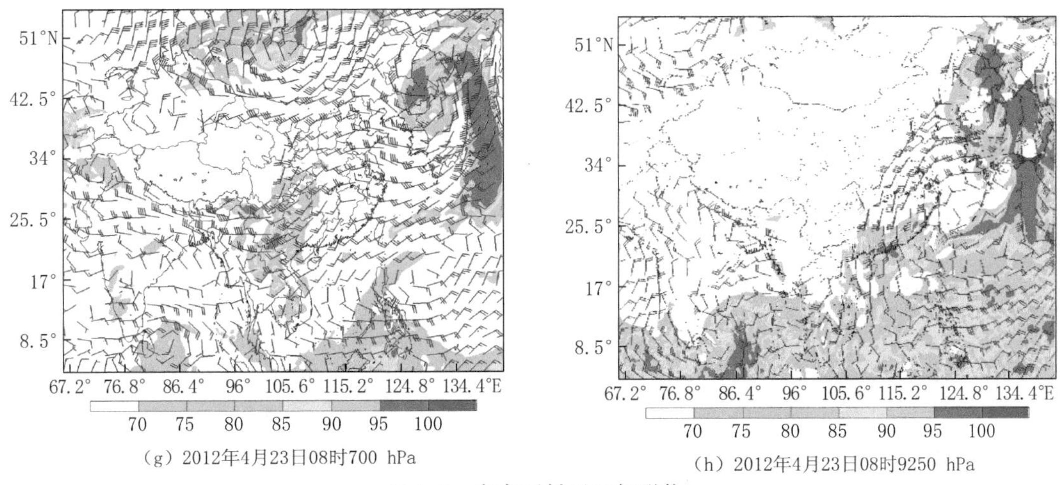

（g）2012年4月23日08时700 hPa　　（h）2012年4月23日08时9250 hPa

图 4.1　东高西低型天气形势

（其中实线为等压线、位势高度线，虚线为温度线）

4.2　副高边缘型

初夏季节，西太平洋副热带高压西伸，黄海和东海分别位于副热带高压的北侧和西侧，海面吹南风或东南风，海岸容易生成雾，由于在此天气形势下，黄渤海海域吹偏南风，有利于暖湿空气的输送。图 4.2a 为地面形势场，渤海和黄海处于低压南部和副高后部，海面风以

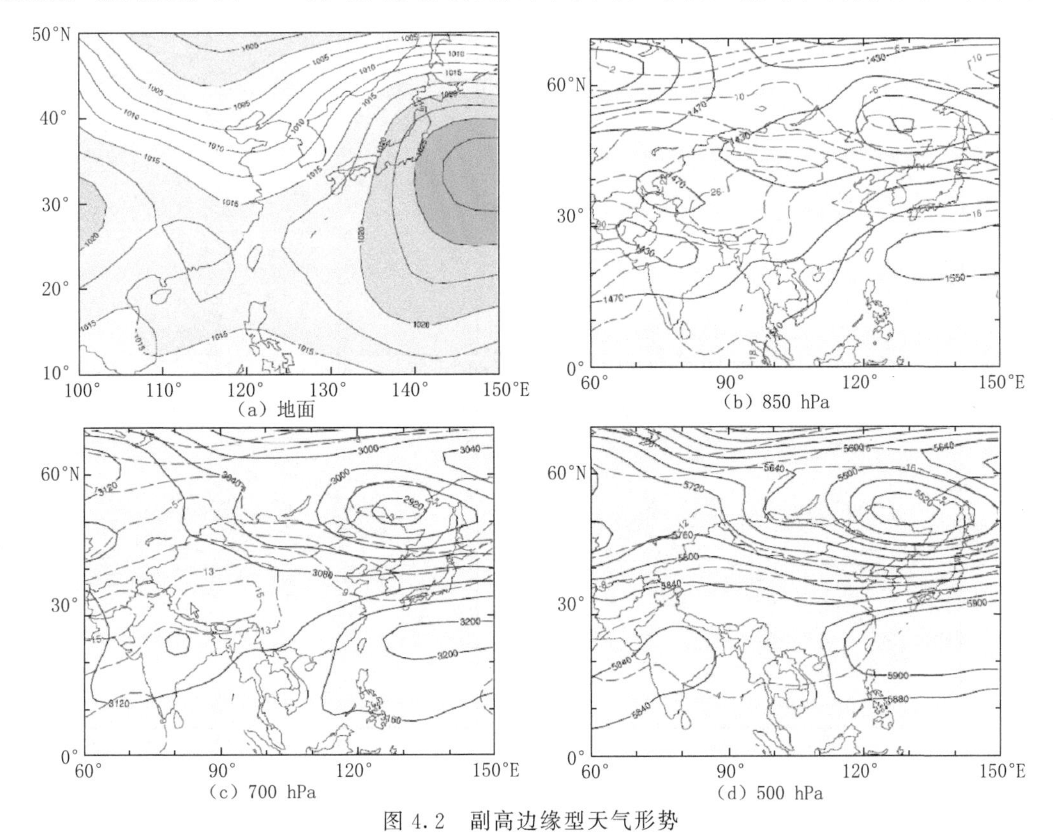

（a）地面　　（b）850 hPa

（c）700 hPa　　（d）500 hPa

图 4.2　副高边缘型天气形势

（其中实线为等压线、位势高度线，虚线为温度线）

西南风为主；图 4.2b、c、d 分别为 850 hPa、700 hPa、500 hPa 平均场，位于东北地区上空的低压槽和西北太平洋上空的副热带高压配合，使得渤海和黄海为较平直的西风所控制，同时弱冷西风气流与南部西南暖气流相遇有利于海雾的形成。

周琳统计了 1961—1970 年渤海海域出现的 488 个雾日的天气形势，发现该海区的雾多见于海上高压后部，它包括了西风带高压入海和副热带高压西伸北抬两种情况，前者多见于春季，后者多见于初夏。

4.3　低压前部型

也称气旋型，春夏季节，当江淮气旋或黄海气旋进入黄海或东海北部发展时，气旋前部吹东南风，非常有利于暖湿空气向北部海区沿岸输送，这时北部海区沿岸出现雾的概率很大。这种地面天气形势一年四季都能形成海雾，但以夏季最为多见。因此，这种类型的海雾是黄渤海海域夏季海雾的典型天气型。

当气旋中心在渤海西部时，整个渤海海面出现风速较大的东北风、东风和东南风，天空阴霾出现海雾或雾加毛毛雨。当气旋中心过境后，渤海海面风向转为较为干燥的北—西北风控制，此时只会在渤海西岸和南岸于夜间时产生持续时间较短的辐射雾，而大面积的平流雾伴随北—西北风的控制迅速消失。

图 4.3a 为地面形势场，渤海和黄海位于低压前部，海面吹东南风为主；图 4.3b、c、d 为高空形势场，欧亚地区为两脊一槽的形势，大槽中心位于贝加尔湖以北，西北太平洋副热带高

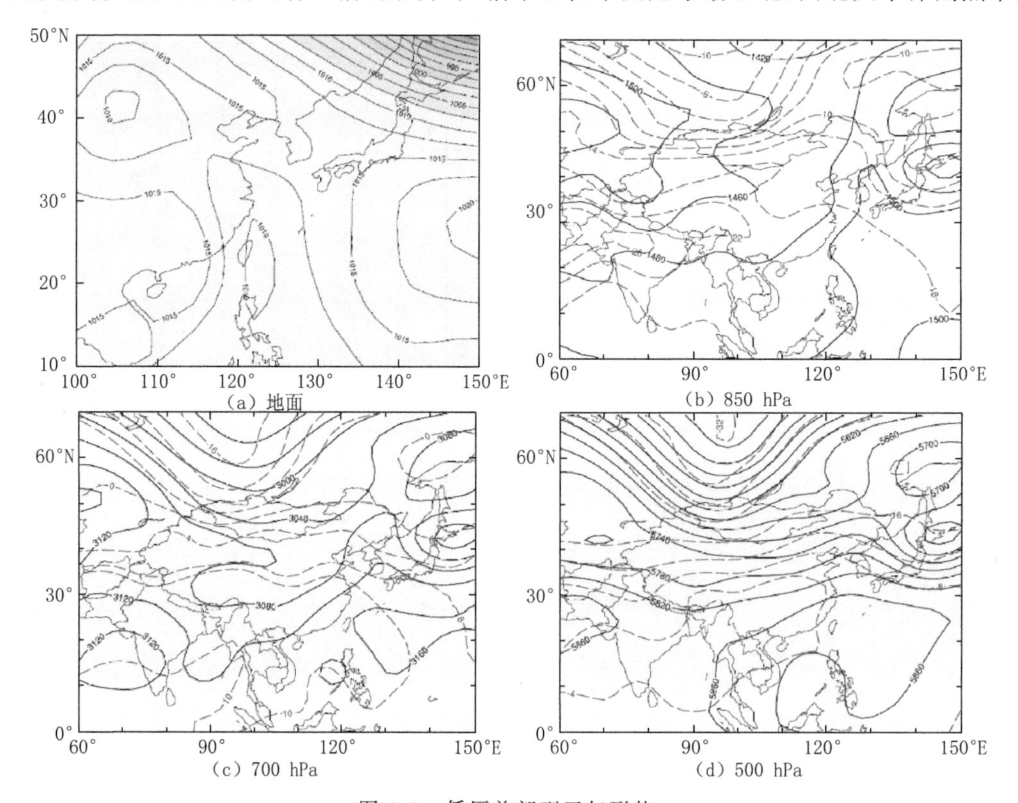

(a) 地面　(b) 850 hPa

(c) 700 hPa　(d) 500 hPa

图 4.3　低压前部型天气形势

（其中实线为等压线、位势高度线，虚线为温度线）

压位置偏南脊线位于 20°N 附近，渤海和黄海处于槽前脊后，为西南气流所控制，而 850 hPa 为暖脊控制；该高低空配合的天气形势为黄海沿岸产生平流冷却雾提供了必要的水汽条件。

4.4　均压场型

均压场型也称冷锋前型，当天气晴好、冷锋前气压系统很弱时，均压场中有微弱的偏南风出现，易促使雾生成，不过这种天气形势下生成的雾较为少见，且多为辐射冷却雾。历史记录表明，2004 年 11 月 30 日—12 月 3 日，我国东北地区南部、华北平原等地出现的大范围大雾天气就是在该天气形势下生成的，图 4.4a 是 2004 年 12 月 3 日的地面气压场，我们看到，东北地区南部和华北平原恰好处于两高和两低相对组成的鞍形气压区，该区域气压系统很弱，渤海和黄海沿岸吹弱偏南风，有利于海雾的生成。

如果位于黄渤海东、西方的两个高压的强度大致相等，会使整个黄渤海海面及其周围的沿岸地区处于弱气压梯度场静稳无风的天气情况之下，这样黄渤海沿岸夜晚气温下降，从而形成辐射雾。其中以渤海的西南沿岸最为典型。所形成的辐射雾在适当方向的微风作用下，又会将它吹至附近海面发展为海雾，但它维持的时间短随日出照射加热而消失。

从图 4.4b、c、d 三层高空图上，可在渤海上方分析出一条较深厚的东北—西南走向的槽线，在地面图上对应为冷高压形成在黄渤海东、西两个高压的形式。

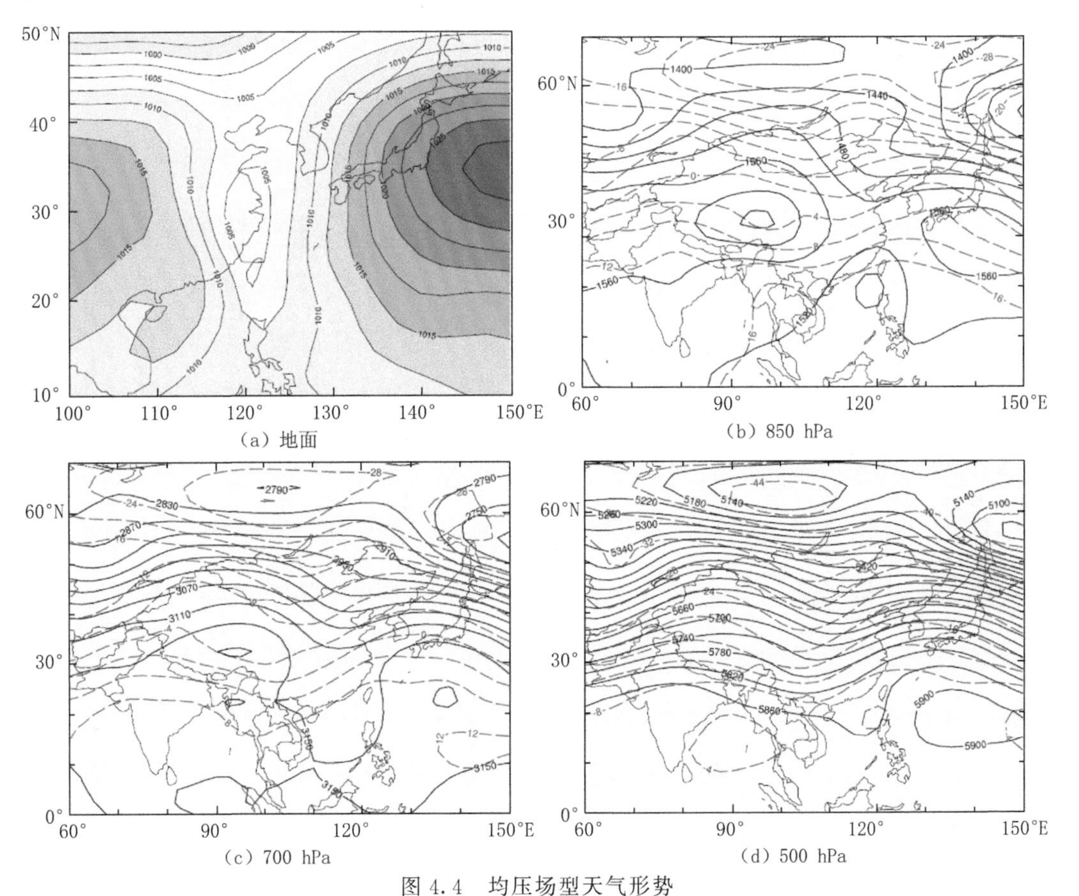

图 4.4　均压场型天气形势

（其中实线为等压线、位势高度线，虚线为温度线）

参考文献

侯伟芬,王家宏,2004.浙江沿海海雾发生规律和成因浅析[J].东海海洋,22(2):9-12.

梁卫芳,侯忠新,2001.青岛大雾的特征与预报[J].山东气象,(2):12-17.

孙连强,曹士民,柳淑萍,等,2006.丹东附近海域海雾的特征及其海洋、大气背景条件分析[J].海洋预报,23(8):22-29.

王彬华,1983.海雾[M].北京:海洋出版社.

许向春,张春花,林建兴,等,2009.琼州海峡沿岸雾统计特征及天气学预报指标[J].气象科技,37(3):323-329.

第5章　典型个例分析

海雾是一种局地性很强的灾害性天气现象，其对经济、社会、军事行动以及沿岸航空和公路交通造成极大危害(孙亦敏，1994)。深入细致地分析历史上重大典型海雾天气过程，归纳海雾的形成、维持和消散的大气环流以及水文气象条件，对研究人员，尤其是预报员而言，是十分必要的，通过“解剖麻雀”提高对海雾发生、发展、演变条件及规律的认识，不失为改善预报能力的一种手段。

5.1　2007年黄海北部两次连续性大雾过程分析

5.1.1　概况

2007年2月20—22日大连及其沿海出现了一次大范围持续性大雾天气过程。通过MODIS卫星监测到的大雾图像发现(图5.1)，20日上午雾区范围较大，几乎笼罩了华北平原、辽东半岛及其沿岸的黄渤海域，雾浓时大连局部地区的能见度只有30 m；20日下午华北平原、大连西部及其沿海的雾浓度明显减小，但大连东部及其沿海仍有大片雾区，东部地区(长海站)能见度低于100 m的大雾持续到22日中午(图5.2a)。

图5.1　2007年2月20日05时MODIS卫星监测到的大雾图像

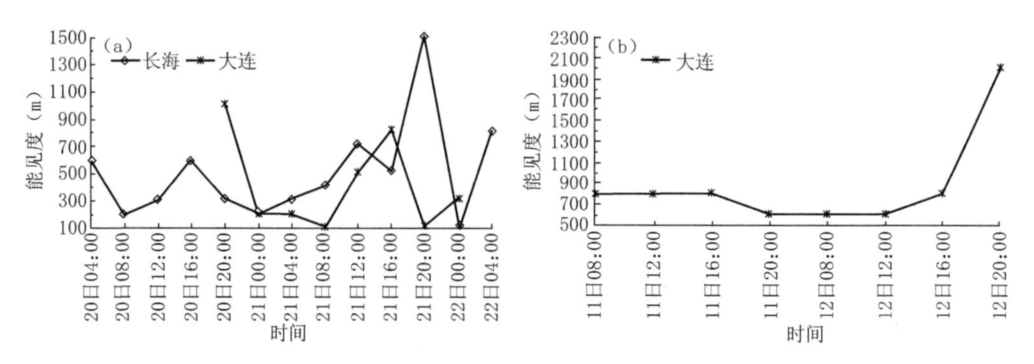

图 5.2　2007 年 2 月 20—22 日大连、长海(a)和 4 月 11—12 日大连(b)能见度演变

大雾期间，华北平原、山东半岛北部、辽东半岛为弱气压场，风速大多为 2～4 m/s。大雾前及大雾期间大连地区以南到东南风为主，当风向转为西南风时，大雾逐渐消散。大连地区大雾前的最高气温和大雾期间的最低气温差在 7℃以上，贴地层的地面最高温度和最低温度差大于 15℃，夜间地面辐射冷却导致近地面空气层中的水汽凝结达到饱和产生大雾，具有明显的辐射雾特征。

2007 年 4 月 11—12 日的 MODIS 卫星大雾监测图像表明，黄海中、北部生成大雾，并逐渐向西北扩展。11 日早晨，大连东部地区的雾逐渐变浓，沿海地区最差能见度在 200 m 左右(图 5.2b)，大连近海能见度在 100 m 左右。黄海北部的大片海域由于没有实时监测数据，很难反映其能见度实况。大雾生成前，大连地面位于低压环流北部，盛行东到东南风，风速多为 2～4 m/s。大雾期间，风向稳定为东到东南风，风速逐渐加大在 4～6 m/s 之间，有的超过 8 m/s，海上雾区随着海风向大连沿岸移动，但雾区只是维持在山东半岛北部及辽东半岛南部地区，渤海及其西部地区没有大雾。当风向转为偏北风时，大雾逐渐消散。

分析大连地区大雾前和大雾期间温度变化发现，大雾前最高温度没有明显升高，大雾期间最低温度在夜间和凌晨没有降低，相反却略有升高。大雾是由暖湿空气移到温度较低的下垫面(陆地和海面)冷却达到饱和凝结所形成的，是属于平流冷却雾。

5.1.2　环流特征

大连及其沿海大雾形成与当时大气环流条件密切相关。大雾前，辽东半岛南部及黄渤海海域盛行西北风。大雾期间，中纬度地区盛行西南西的干暖气流，阻挡了从贝加尔湖不断东南下的冷空气进一步南侵，使从贝加尔湖东移的大陆高压脊与山东半岛北部东北—西南向的高脊合并维持在东北地区(图略)。对流层低层以下的大气层结和地面的天气形势直接影响着大雾的发展和维持。2007 年 2 月下旬和 4 月中旬两次大雾发生期间，山东半岛北部和辽东半岛在对流层低层始终为暖气团所占据(图 5.3)，这有利于低层逆温层的形成和维持。以渤海海峡附近的北隍城作为大连渤海海峡代表站，1997—2006 年 2 月中下旬，旬平均温度与旬平均海表温度的差值均小于 0℃(图略)，大连 20 日下午开始海表温度比气温高 1～2℃，表明环大连的渤海、渤海海峡为暖水域。2007 年 2 月 20 日至 22 日早晨，地面长江口以北的东部海域为强大的冷高压区，低层暖平流及大连近海暖水团作用，使地面冷高压强度减弱，系统内的风速减小。夜间，高压控制下的晴空区及高压西侧的暖湿气流，在地面辐射冷却作用下，有利于辐射雾的形成和维持(图 5.3a)。分析小长山(位于大连东北部的黄海北部海域)4 月旬平均气温与平均海表温度差值发现，山东半岛北部成山头以东的海面及大连的周边海域为冷水团所占据(图 5.4)。2007 年 4 月 11—12 日，大连的海表温度比气温低 1～2℃，地面温度夜间明显高于白天，没有辐射冷却作用，有利于平流冷却雾的形成。大雾期间，大连位于山东半岛低压环流的东北侧，其上空与近地面的暖空气相叠置，这使得东南风加大，大范围的空气平流运动有利于其东南部的雾区向大连东南沿海地区靠近。

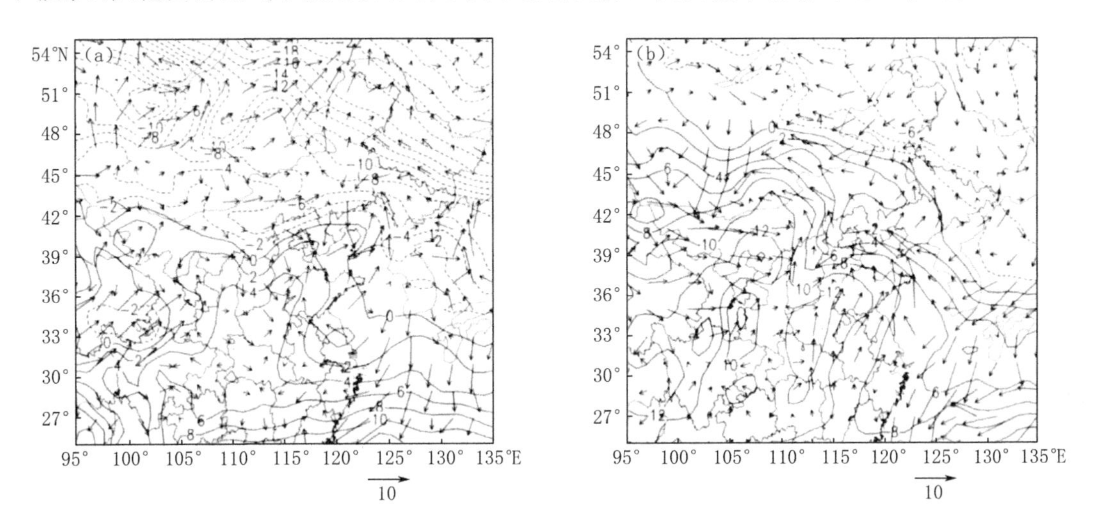

图 5.3　2007 年 2 月 20 日(a)和 4 月 11 日(b)08 时 850 hPa 温度场(℃)和 1000 hPa 风矢量场(m/s)

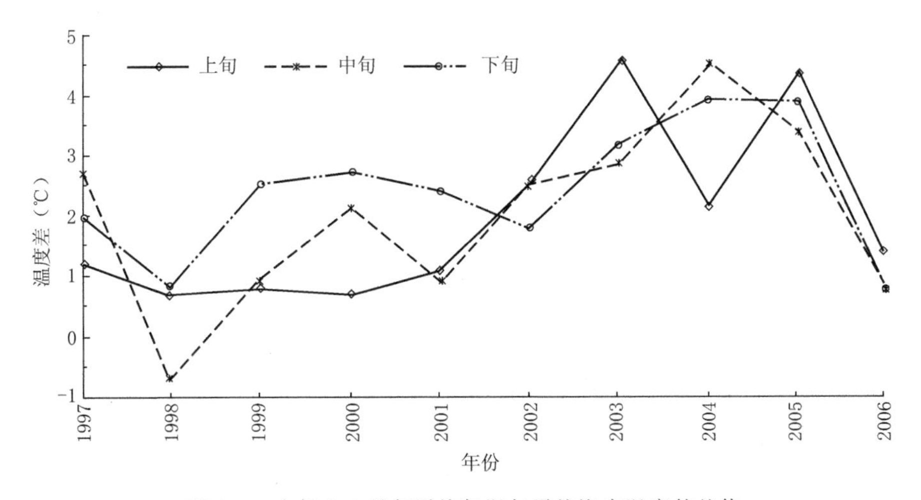

图 5.4　小长山 4 月旬平均气温与平均海表温度的差值

5.1.3　大雾特征

2007 年 2 月 20 日夜间开始，受华北地区东移的弱冷空气影响，大连地区及黄渤海域出现辐射雾，大连的雾自 2 月 20 日 20:10(北京时，下同)持续至 22 日 01:21，期间的最小能见度为 100 m。2007 年 4 月 10 日生成于山东半岛以东的黄海北部的大雾，随着向岸风向大连地区移动，大连东部地区及渤海海峡以东的海区 11 日早晨开始能见度逐渐降低，大连的雾从 11 日 07:39 持续至 21:40，后转为雷阵雨，12 日 07:39 开始起雾，至 19:40 结束，期间的最小能见度为 400 m。

(1)近地面要素特征

辐射雾期间,大连地面相对湿度在 98%以上,温度日较差大于 7℃,盛行南到东南风,风速为 2～4 m/s,微风和夜间的辐射降温有利于水汽凝结成雾。平流雾期间,大连地面相对湿度在 96%以上,气温变化不明显,夜间的气温反而略有升高,风向为东到东南风,风速为 4～6 m/s,有时超过 8 m/s,较大的向岸风有利于海上的暖湿空气输送到大连地区(大连近海 4 月为冷水域),冷却凝结饱和形成雾。低空水汽的积聚为辐射雾或平流雾的生成提供了充分的水汽条件。由温度和风速的最佳成雾条件可以看出辐射雾和平流雾的差异。

(2)大雾形成前的特征

低层充足的水汽和稳定的大气层结有利于大雾形成。探空资料表明,辐射雾前(2 月 20 日 20:00 前),大连上空 1800 m(800 hPa)以上各层的风向为一致的西北风,1400 m(850 hPa)以下为西南～偏西风(图 5.5),大连地面至 300 m(975 hPa)高度的大气相对湿度超过 90%。低层的暖湿空气与中高层的干冷空气分别在弱的辐合上升运动和下沉运动区内。冷空气的下沉和暖空气的上升,有利于大气层结趋于稳定(图 5.5b—d),300 m 湿层以下的大气已建立逆温层(图略),夜间的辐射降温有利于雾的形成。平流雾前(4 月 11 日 08:00 前),900 m

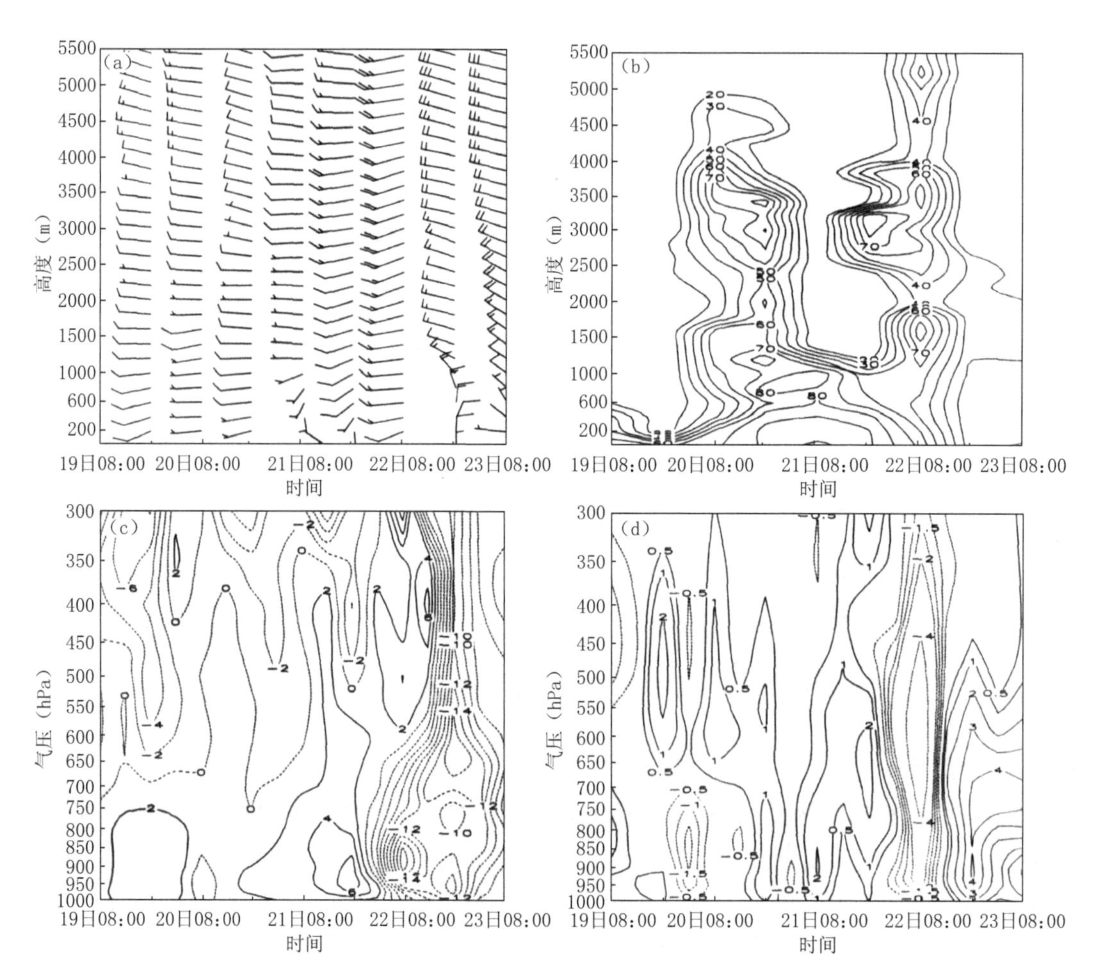

图 5.5　2007 年 2 月 19 日 08 时—23 日 08 时大雾期间大连风场

(a. 相对湿度(%);b. 雾区域平均温度平流(10^{-5}K/s);c. 垂直速度(10^{-1}Pa/s);d. 时间剖面图)

(900 hPa)以下为东南风，将东部海上的水汽输送至大连地区，且堆积在350 m(965 hPa)以下的低层大气中(图5.6a—b)，为大雾的形成提供水汽条件。

1000 m(890 hPa)以上由东北风转为偏北风(图5.6a)，干冷空气下沉(图5.6b—d)压缩增温，在150 m以下已有弱的逆温结构，但最大逆温强度不超过1℃/100 m(图略)，近地层主要是由大连周边的冷海域与其上空的暖空气形成的平流逆温层。稳定的大气层结，阻止了动量和热量的垂直交换，不利于湍流混合的发生，有利于低空积聚的水汽在冷水团的作用下冷却凝结成雾。

平流雾和辐射雾的形成都需要低空水汽的积聚和稳定的大气层结，但水汽通道和逆温层的形成过程有一定差异。辐射雾的水汽来自西南或东南暖湿气流，低层暖湿空气上升与中高层干冷空气下沉形成逆温结构，近地层还包括辐射逆温和湍流逆温过程；平流雾的水汽主要来自东部海面，干冷空气下沉压缩增温建立了逆温层，近地层主要是平流逆温。

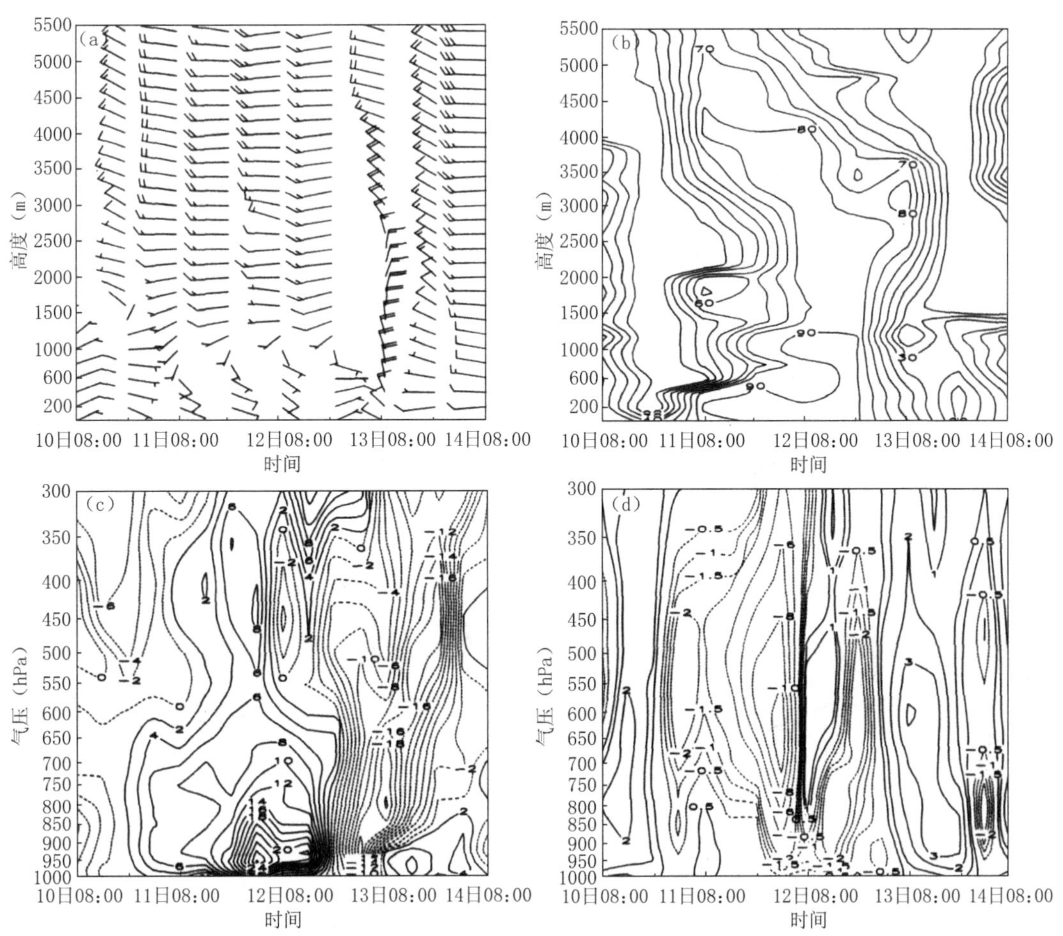

图5.6　2007年4月10日08时—14日08时大雾期间大连风场

(a.相对湿度(%)；b.雾区域平均温度平流(10^{-5}K/s)；c.垂直速度(10^{-1}Pa/s)，d.时间剖面图)

(3)大雾发展维持的特征

稳定的大气层结，雾层上“暖干层”的阻挡，是大雾发展持续的重要因子。当边界层顶部至对流层下层大气出现逆温或等温状态时，低层水汽凝结物不易扩散到高空，有利于雾的持续存在。逆温层的开始高度直接影响大雾的发展维持。逆温层太低,饱和空气层的厚度小,不易形成大雾。逆温层太高,空气层的厚度大,很难达到整层饱和,即便达到饱和状态,形成的多为阴雨天气。辐射雾发展期间(2 月 20 日 20:00—21 日 08:00),地面至 1000 m(890 hPa)持续的偏南气流及地面的东南偏东风,使大连地面至 500 m(950 hPa)高度大气的相对湿度在 90%以上(地面观测为 100%),雾层厚度由 300 m 增加到 500 m。雾层上至对流层中低层的暖干空气下沉增温,叠置在雾层上(图 5.5),有利于大气稳定层结的维持和低空水汽的积聚,逆温层厚度由 200 m 上升至 600 m,最大逆温强度超过 2℃/100 m(图 5.7a—b),能见度降至 100 m 以下,大雾发展加强。辐射雾维持期间(21 日 08:00 至 21 日 20:00),地面至 300 m(970 hPa)为南到东南风(图 5.5b—c),相对湿度在 90%以上(地面观测是 100%)的厚度仍有 300 m(图略)。雾层上仍有暖干空气,且以下沉运动为主(图 5.5b—d),使雾层内的逆温状态维持(逆温强度为 2℃/100 m),阻止了近地层饱和水汽向上扩散及湍流加强,大雾持续最低能见度不足 100 m。同时,高空水汽输送加强,4600 m(560 hPa)以下转为西南风,2400 m(750 hPa)以上风速超过 12 m/s,在 3200 m(670 hPa)附近出现另一个湿中心(相对湿度≥80%),说明低层的垂直扰动逐渐加强。

平流雾期间(4 月 11 日 08:00—11 日 20:00),地面至 800 m(920 hPa)以下为持续的东南风,东部海面的水汽输送使大连地面至 500 m(950 hPa)的相对湿度在 90%以上(地面观测是 100%),低层的强暖平流与下沉运动区相对应,中上层的弱冷平流处于上升运动区(图 5.6),不利于低空逆温的发展,逆温强度明显低于 2 月大雾期间,雾层内有 2 个弱的逆温层(最大逆温强度均不超过 1℃/100 m,图 5.8a)。但雾层上的湿度迅速减弱,温度廓线呈明显递增状态(图 5.8b),暖干空气层使大连地区及其沿海出现能见度小于 600 m 的大雾。11 日 20:00—12 日 08:00,3000 m(700 hPa)以上的西北偏西气流转为一致的西南偏西气流(图 5.6a),表明中高层的水汽输送逐渐加强。强辐合上升运动区向上伸展至对流层上层(图 5.6d),积聚在大连低空的水汽向上输送,大于 80%的湿层高度由 600 m(940 hPa)伸展至 4000 m(600 hPa)附近(图 5.7b),湿层高度超过 700 hPa。

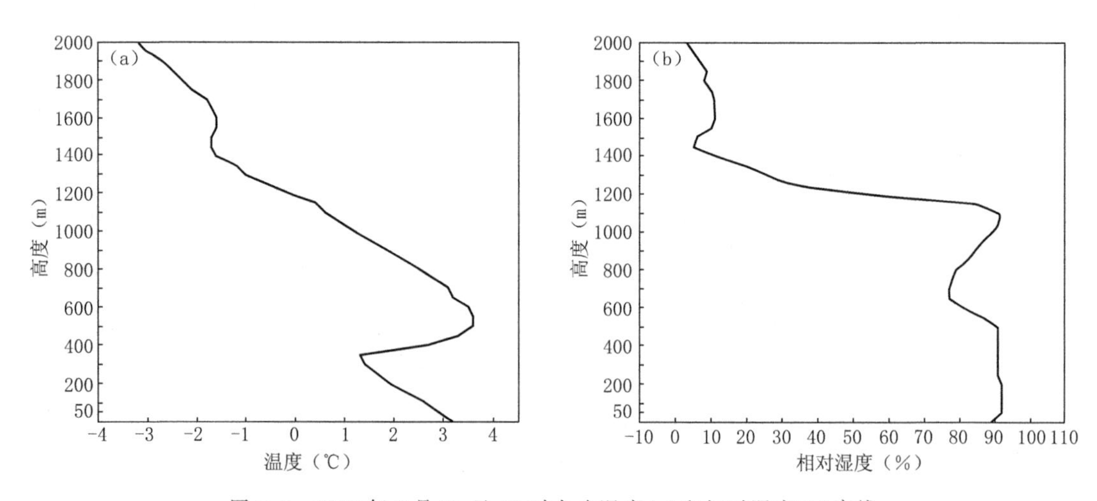

图 5.7 2007 年 2 月 21 日 08 时大连温度(a)和相对湿度(b)廓线

虽然 900 m(900 hPa)以下仍有逆温层(最大逆温强度不超过 1℃/100 m),但湿层太厚,大连地区的大雾减弱消散,转为雷阵雨天气。12 日 08:00 至 20:00,辐合上升运动明显减

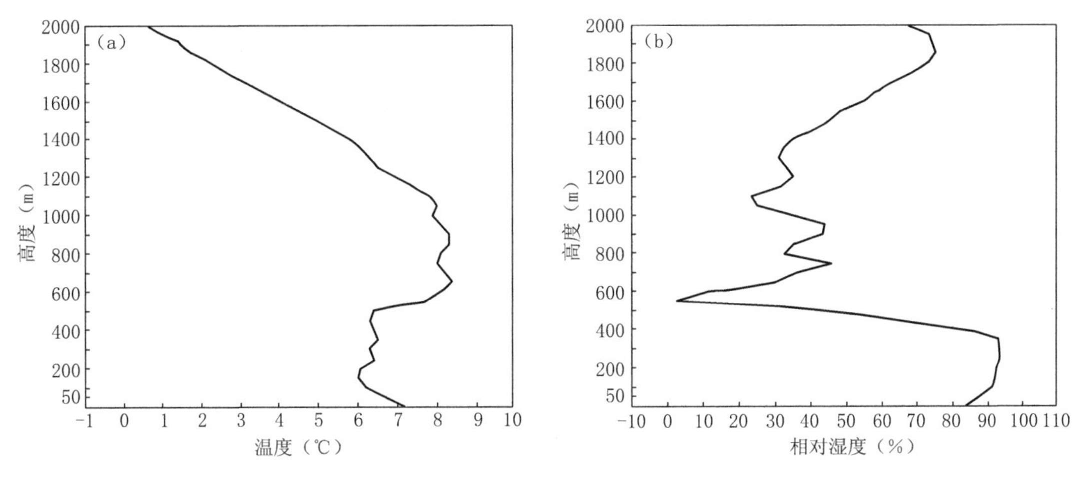

图5.8　2007年4月11日08时大连温度(a)和相对湿度(b)廓线

弱，大于80%的湿层高度由4000 m(600 hPa)降至2800 m(700 hPa)附近，大于90%的湿层高度降至1400 m以下(图5.6b)。低层暖湿空气的辐合上升与中高层弱干冷空气的下沉(图5.6c～d)，有利于逆温层的发展维持。雾层上的温度递减率明显增大，逆温层开始高度维持在400～600 m之间(图略)，大连地区又出现能见度不足400 m的大雾。

平流雾和辐射雾期间，雾层内特别是近地层风向相同，但平流雾雾层内的风速是辐射雾的两倍，这与其成雾机制相关。

低空的逆温结构，雾层上的“暖干盖”，相对湿度超过80%的湿层厚度不超过700 hPa，逆温层的开始高度低至925 hPa，是辐射雾和平流雾维持发展的共性，其最高逆温层开始高度分别为960 hPa和950 hPa，与华北地区大雾期间的逆温层高度(950 hPa)相差不大。雾层下的相对湿度在95%以上，雾层上的对流层中下层的相对湿度在50%以下时，大雾维持发展。当湿层高度向上伸展至700 hPa以上(相对湿度超过90%的厚度高于850 hPa)时，说明辐合上升运动加强，反而不利于大雾的维持。平流雾和辐射雾期间的逆温强度、逆温层数及雾层厚度、最低能见度不同。辐射雾期间，雾层内有一个逆温层，逆温强度大，边界层高度由雾层顶部降至雾层底部；雾层以上的湿度递减缓慢，暖干气流较弱；雾层厚度逐渐下降，最低能见度小于100 m。平流雾期间，雾层内有多个逆温层，逆温强度不大，边界层高度稳定；雾层以上的湿度递减迅速，暖干气流较强；雾层厚度逐渐升高，最低能见度小于400 m。

(4)大雾消散的特征

辐射雾消散阶段(2月21日20:00—22日08:00)，对流层为一致的西南风，在200 m(925 hPa)以上风速均大于15 m/s(图5.5a)，高空水汽输送更强。同时，雾区上空的辐合上升运动加强，上升运动伸展至对流层中上层，雾层以上的大气湿度迅速增加，最大湿度中心东北移至雾区上空700 hPa的高度(图5.5b)，近地层的相对湿度逐渐减小，22日08:00已小于65%(大连近海的相对湿度＞90%)。期间温度递减率明显减小，最大逆温强度低于0.8℃/100 m(图略)。垂直扰动的增强，逆温层和雾层上“暖干层”的减弱消失，使大连及其沿海能见度小于1000 m的浓雾逐渐消失，转为轻雾(能见度在1～10 km之间)，但为22日上午大连地区的降雨提供了必要的水汽条件。22日11:00后，逆温层的开始高度超700 m(925 hPa)，大连地区高空和地面转为一致的偏北风，且为下沉的干冷空气控制(图5.5)，轻雾消散。

平流雾消散阶段(4 月 12 日 20:00 前后),地面至 600 m(925 hPa)的大气转为东北偏北气流(图 5.6a),雾区已侵入冷平流(图 4.10c),尽管低层大气仍维持逆温结构,但逆温层开始高度增加,逆温梯度减小(图略),大雾消散,大连地区转为小雨天气。两次大雾过程消散阶段的特征分析表明,动力和热力作用对大雾消散的影响相同。当辐合上升运动加强、低空水汽伸展至对流层中层时,大连地区及其沿海由大雾转为阴雨天气;当地面转为偏北气流、低层有冷平流侵入时,大连地区及其沿海大雾逐渐消散。

5.1.4 小结

在对比分析大连及其沿海地区辐射雾和平流雾过程的实况资料基础上,诊断分析了大雾期间的环境场和动力、热力特征,揭示了大雾形成、发展维持和消散的机制。结果表明:

(1)大气环流直接影响大雾的生消。高空中高纬度的纬向暖干气流阻挡了北方强冷空气的南下,对流层中下层西南暖湿气流的持续输送,为大雾的形成提供了有利的水汽和风场条件;反之,高空中高纬度若为一致的偏北气流,较强冷空气的东移南下,有利于持续大雾的消散。

(2)大雾发展阶段大连地区上空的大气层结呈稳定状态,雾层内有明显的逆温结构,逆温层高度在 960～950 hPa 之间。雾层与其上的暖干气流上下叠置,有利于大雾的维持。

(3)特定的风向和适度的风力是大雾生成和维持的重要因子。偏南风或偏东风将暖湿空气输送至大连上空,为大雾的形成提供充足的水汽。大雾的减弱和消散是热力和动力共同作用的结果。

(4)黄渤海的海温分布与大连及其沿海的大雾密切相关。冬季,渤海及渤海海峡为暖水区,使地面冷高压进一步增温变性,有利于辐射雾的形成发展。4 月中旬后,渤海海峡和黄海北部通常为冷水中心,有利于平流雾的形成和维持。

5.2 2010 年 2 月 22—25 日黄渤海一次海雾过程分析

5.2.1 大雾概况

2010 年 2 月 22—25 日渤海、黄海和东海北部出现了大范围大雾天气,大雾首先从黄海中部形成,然后向四周蔓延,并伸展到了辽宁南部、山东东部和南部及江苏大部地区。卫星监测的大雾面积约为 67 万 km^2。本次大雾过程具有浓度大、持续时间长、影响范围广的特点,大雾致使山东半岛附近海域近海作业几乎瘫痪,观测数据显示,山东青岛、日照、海阳、成山头等地大雾持续时间均在 48～60h(图 5.9)。通过分析 MTSAT 卫星云图资料,可将本次大雾天气过程分为以下三个阶段:

(1)生成阶段(2 月 21 日 20 时至 22 日 20 时,北京时间,下同)。受从蒙古东部东移南下的冷锋及锋前偏南气流的共同影响,21 日 20 时,黄海北部和辽宁东部半岛沿海地区开始出现能见度为 4000 米的轻雾。由云图(图 5.10a)可看到,该海雾呈白色,纹理比较均匀,海雾边界明显,西界基本与海岸线走向一致,北界与辽宁东南部雾区连接。雾区结构松散并出现不连续现象,尤以东北部海域明显,表明海雾初生雾层较薄,部分海域还存在晴空区。此后雾区向南扩展到黄海中部。在 22 日白天有弱冷空气过境,导致黄海北部海区出现 3～4 级偏北风,且海温有所升高,黄海北部的雾逐渐消散。黄海中部的雾区继续维持,雾区光滑均

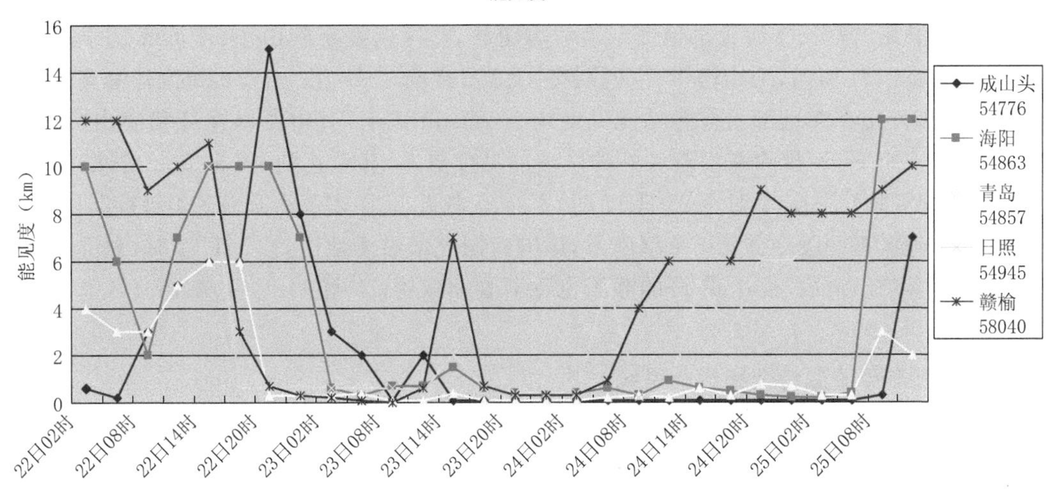

图 5.9　成山头、青岛等站能见度实况

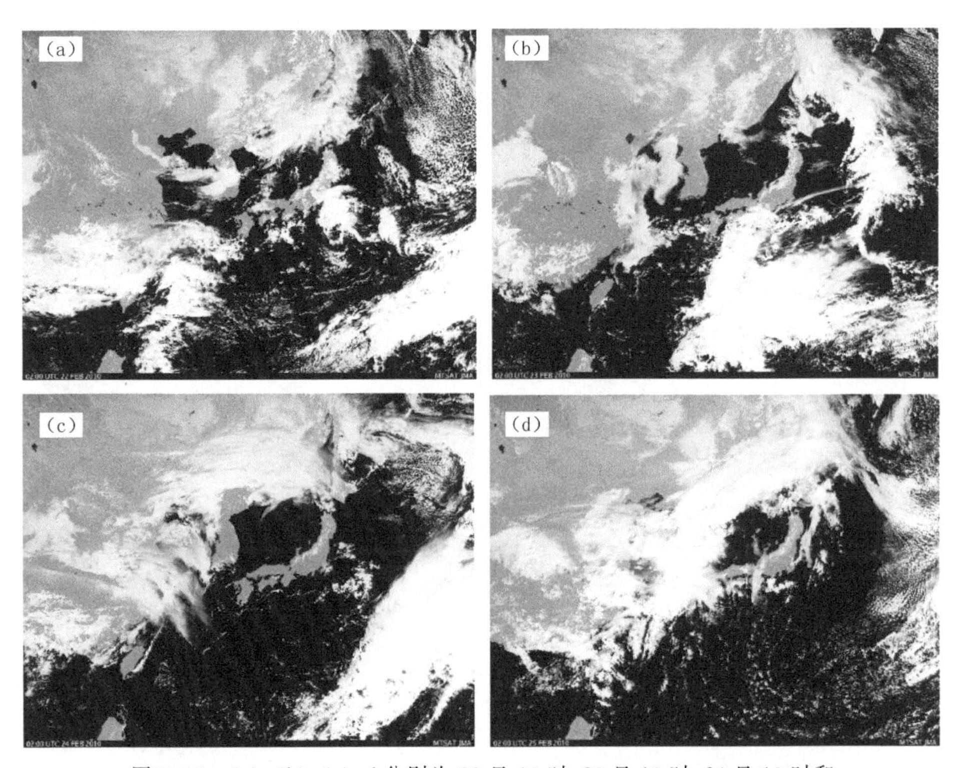

图 5.10　(a)、(b)、(c)、d 分别为 22 日 10 时、23 日 10 时、24 日 10 时和 25 日 10 时 MTSAT 可见光云图

匀，边界清楚，呈东西向分布，其边界已西伸至山东半岛东南部，22 日夜间日照(54945)、赣榆(58040)、青岛(54857)、海阳(54863)站先后出现能见度小于 1 km 的大雾天气。

(2)发展阶段(22 日 21 时至 24 日 08 时)。22 日夜间，伴随冷锋东移减弱，黄海北部、渤海吹偏北风，黄海中南部、东海依然吹东南风，风速 4 m/s 以下。23 日 02 时，黄海北部、渤海地区转为东南风，雾区快速向北、向西扩展。23 日 08 时，成山头、青岛地区能见度仅为 100 m

左右，赣榆地区能见度为 0 m，海阳、日照地区能见度在 600～700 m 左右。卫星云图显示(图 5.10b)渤海、黄海、东海大部地区都被海雾覆盖，雾区已发展到山东、江苏和辽宁南部地区，雾顶纹理光滑、均匀，结构密实，色调明亮。23 日夜间 20 时至 24 日 02 时，是海雾发展的鼎盛时期，期间山东东南部沿海各站能见度均在 500 m 以下，其中尤以青岛和成山头最重，能见度仅为 100 m，不排除在没有测站的区域能见度更差，甚至达到 0～50 m 的强浓雾。

(3)消散阶段(24 日 09 时至 25 日 11 时)。24 日白天，我国东部沿海地区仍维持弱偏南风，我国西北部地区有一股冷空气正东移南下，影响我国北部沿海地区。25 日 11 时，东部沿海地区大陆上的雾均已消散，黄海、东海的雾区也逐渐收缩减弱；25 日 17 时后，东部海区海雾基本消散(图 5.10c、d)。

5.2.2　环流形势演变特征和影响系统

我国东部沿海海域的这次大雾天气过程是产生在中高纬度环流较为平直、大气层结稳定的气象条件下。在海雾形成前 48 小时，850 hPa 图上(图 5.11)欧亚地区中高纬度为两槽两脊的纬向环流形势，两槽分别位于西西伯利亚平原中北部和我国东北地区到黄河中下游

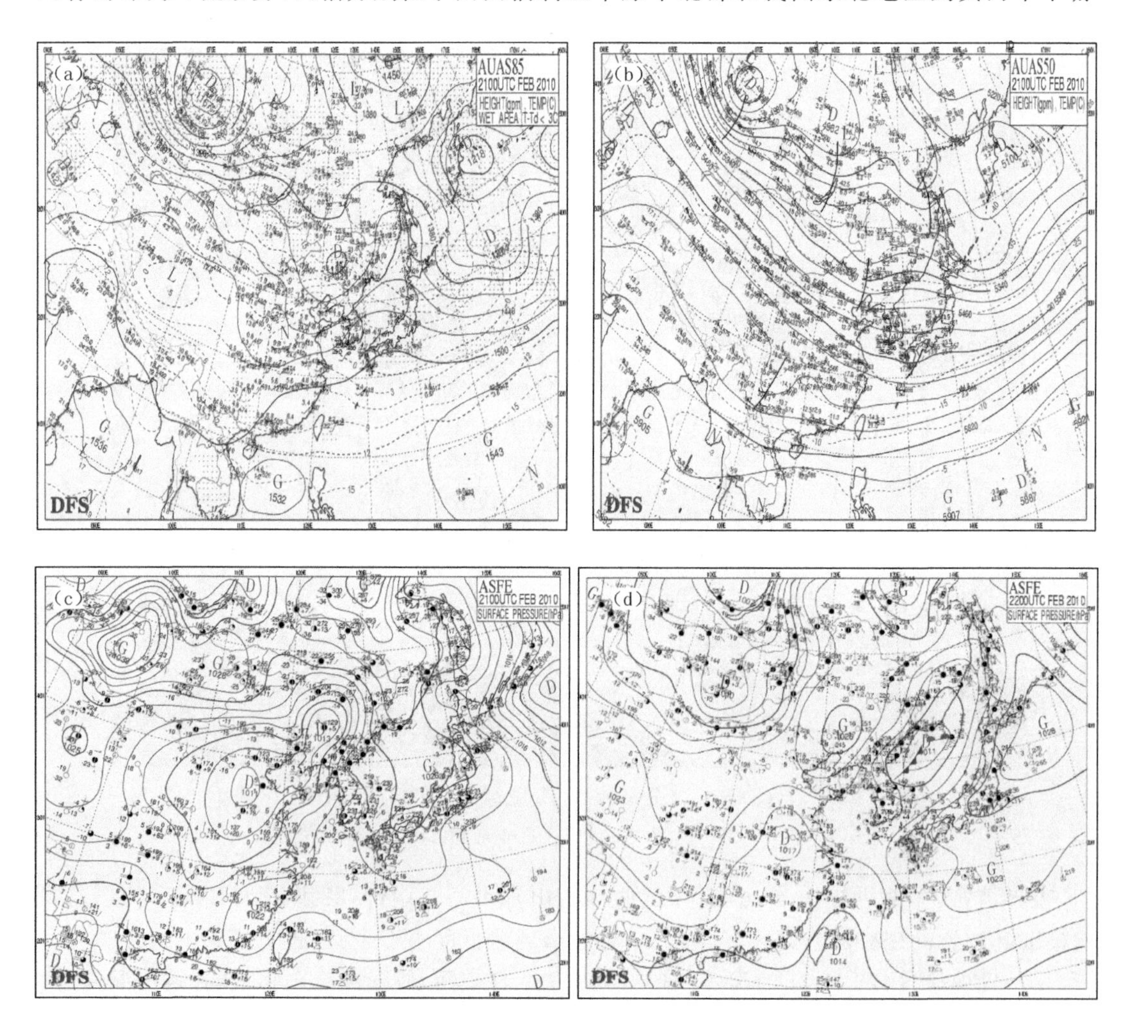

图 5.11　2010 年 2 月 21 日 08 时 850 hPa(a)、500 hPa(b)天气图、
21 日 08 时(c)、22 日 08 时(d)地面图

一带，两脊在中西伯利亚到我国新疆以及俄罗斯滨海省到日本海地区。槽脊的水平尺度比较小、移动快。西太平洋副热带高压呈带状分布在中南半岛及其以东洋面上，其北段与中高纬度东部浅脊相连接，分布在我国东部沿海海区到日本及其以东洋面上，我国东部沿海海域处于该高压脊后部偏南气流控制之下。同时，在南支锋区上有两个南支小槽分别位于孟加拉湾和中南半岛北部。

在地面图上(图 5.11)，在我国东北地区到河套地区有一冷锋发展东移南压，逐渐移动至日本以北地区，冷锋后部的正变压区域并入到东部沿海的高压脊中，形成了较稳定的天气形势，提供了海雾形成和持续发展的背景条件。中南半岛、江苏、安徽地区低值系统前部偏南气流和副热带高压后西北侧偏南气流将低纬地区海域上的水汽不断地输送到我国东部沿海地区，为海雾的形成和维持提供了源源不断的水汽保障，东北地区冷锋后部冷空气南下与海面暖湿空气混合凝结形成雾。22 日开始，冷锋移出海区，暖湿空气沿海面北上，因冷却形成平流冷却雾。因此本次海雾过程主要影响系统是高空低槽和地面冷锋、稳定少动的我国东部沿海海域高压脊及其后部的偏南气流。24—25 日，西伯利亚有低槽东移影响北部海域，大雾消散。

5.2.3　边界层特征

(1)气温、湿度垂直结构

无论是陆地上的雾或这是海上生成的雾，稳定的大气层结都是雾发生的重要条件。稳定的大气层结不利于低层水汽扩散，有利于海雾的生成。

分析青岛站探空资料(表 5.1)可知，在大雾生成、发展和消散阶段，低层大气始终处于比较稳定的状态，逆温层伴随海雾发生发展的全过程，为此次海雾天气提供了稳定的天气背景。22 日 08 时至 25 日 08 时，青岛站 1000 hPa(77 m)到 850 hPa(1414 m)均有逆温层出现(图 5.12)，且逆温层的强度随着时间先增强后减弱，22 日 08 时为 0.81℃/100 m、23 日 08 时为 0.95℃/100 m，到 25 日 08 时减弱为 0.38℃100 m。大雾初生阶段逆温层定高度在 700 m 上下，随着海雾的发展和消散逆温层高度显著抬高，23 日 20 时后稳定在 1400 m 左右。

表 5.1　青岛站(54857)2010 年 2 月 22—25 日近地面探空实况

日期时间	PRES(hPa)	HGHT(m)	TEMP(℃)	DWPT(℃)	RELH(%)
22 日 08 时	1010.0	77	1.8	−0.1	87
	1000.0	154	1.4	−0.5	87
	945.9	610	5.8	−21.1	12
	925.0	793	7.6	−29.4	5
22 日 20 时	1009.0	77	1.8	0.8	93
	1000.0	144	1.6	0.2	90
	944.4	610	6.0	−28.1	7
	925.0	779	7.6	−38.4	2
23 日 08 时	1005.0	77	3.2	2.5	95
	1000.0	113	3.2	1.9	91
	941.3	610	8.2	−0.7	54
	925.0	754	9.6	−1.4	46
23 日 20 时	1000.0	77	3.4	2.7	95
	936.9	610	6.4	−20.5	13
	925.0	714	7.0	−25.0	8
	870.3	1219	9.9	−33.7	3
	850.0	1414	11.0	−37.0	2

续表

日期时间	PRES(hPa)	HGHT(m)	TEMP(℃)	DWPT(℃)	RELH(%)
	997.0	77	5.4	4.8	96
	934.5	610	10.2	3.2	62
24 日 08 时	925.0	694	11.0	3.0	58
	868.6	1219	11.2	1.7	52
	850.0	1400	11.2	1.2	50
	995.0	77	6.4	5.4	93
	933.6	610	13.7	8.4	70
24 日 20 时	925.0	688	14.8	8.8	67
	868.5	1219	12.0	8.0	77
	850.0	1400	11.0	7.7	80
	999.0	77	4.4	2.9	90
	935.6	610	7.8	6.4	91
25 日 08 时	925.0	703	8.4	7.0	91
	869.4	1219	9.1	8.0	92
	850.0	1407	9.4	8.3	93

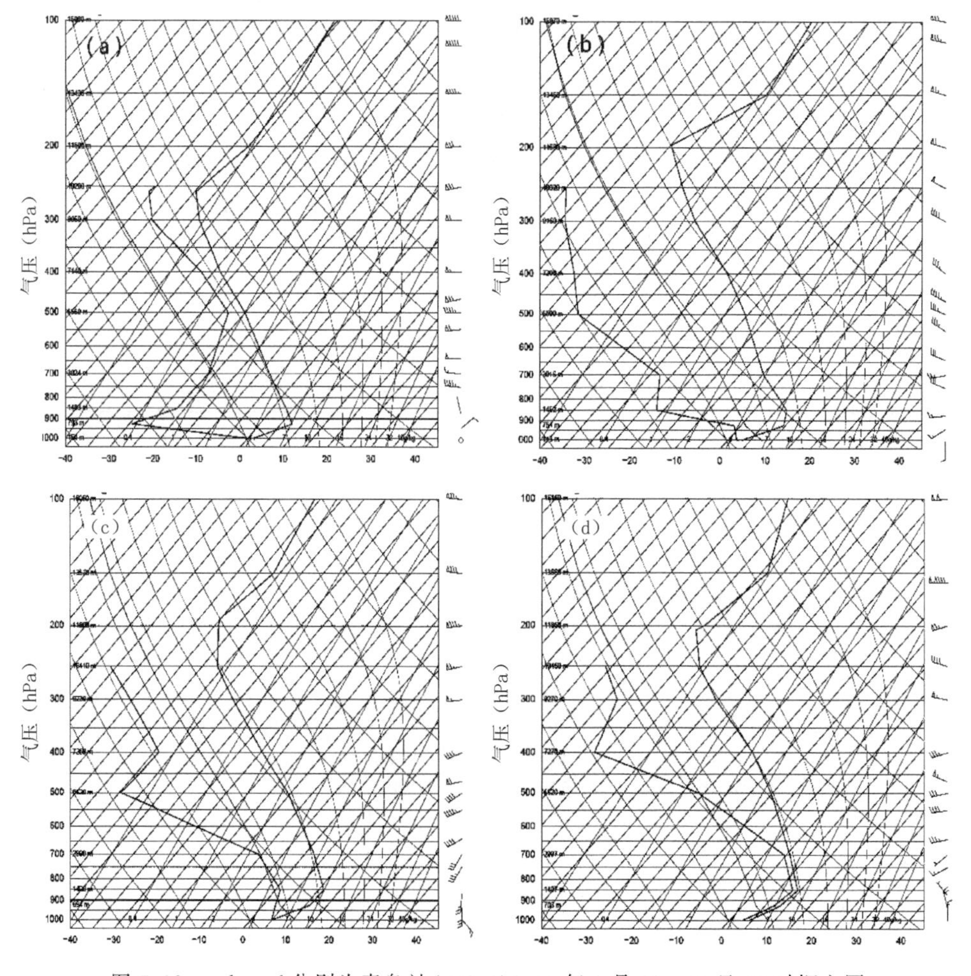

图 5.12　a、b、c、d 分别为青岛站(54857)2010 年 2 月 22—25 日 08 时探空图

从近地面湿度来看(图5.13),100～150 m高度以下湿度大,除22日08时为87%以外,其余时间均维持在90%以上,表明近地面水汽充沛,为海雾的生成和发展提供了充沛的水汽条件。23日20时前湿度向上递减快,600 m以上湿度为10%左右,稳定的暖干空气有效的的阻止了湿空气的扩散,为海雾的维持起到到重要作用。24日08时之后,蒙古冷空气东移南下,影响渤海、黄海地区,水汽的维持机制消失,近地面湿度不断向上可扩展,直至25日中午海雾基本消散。

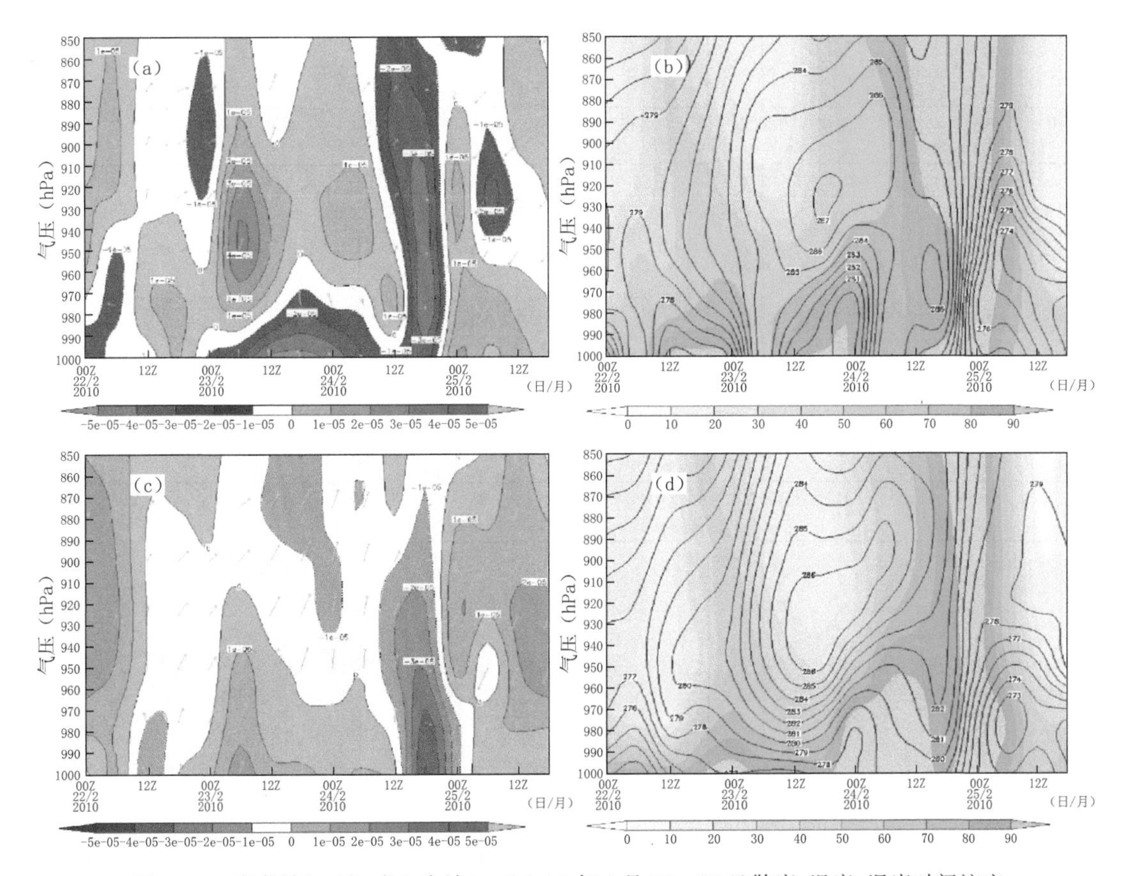

图5.13 青岛站(a、b)、成山头站(c、d)2010年2月22—25日散度、温度、湿度时间演变

(2)液态水含量特征

液态水含量的分布图反映了海雾水平和垂直分布情况。此次海雾首先从黄海南部开始发生发展(图5.14),23日02时在黄海南部地区出现了0.6 g/kg的大值区,随后逐渐北抬至黄海中北部和渤海地区,中心大值区逐渐减弱至0.3 g/kg。虽然从液态水含量分布上显示雾的强度有所减弱,但是由于海雾的范围扩大,造成黄海和部分渤海地区大面积出现海雾,还是给海上交通运输造成了很大影响。24日夜间至25日凌晨黄海中部地区又有雾区发展,随着北方冷空气逐渐东移南下,25日12时后海雾基本消失。

海雾的生成和发展与空中温度及湿度的配置有紧密的联系。黄海南部的逆温层由南至北逐渐增强,23日08时—24日08时达到了最强,同时这期间也是海雾发展达到最强的时间段,从液态水含量沿122°E剖面图(图5.15)上可知23日08时—24日08时海雾发生区域始终受到强逆温层的阻挡,水汽始终没有向上发展,雾顶的高度在980 hPa附近,24日02时

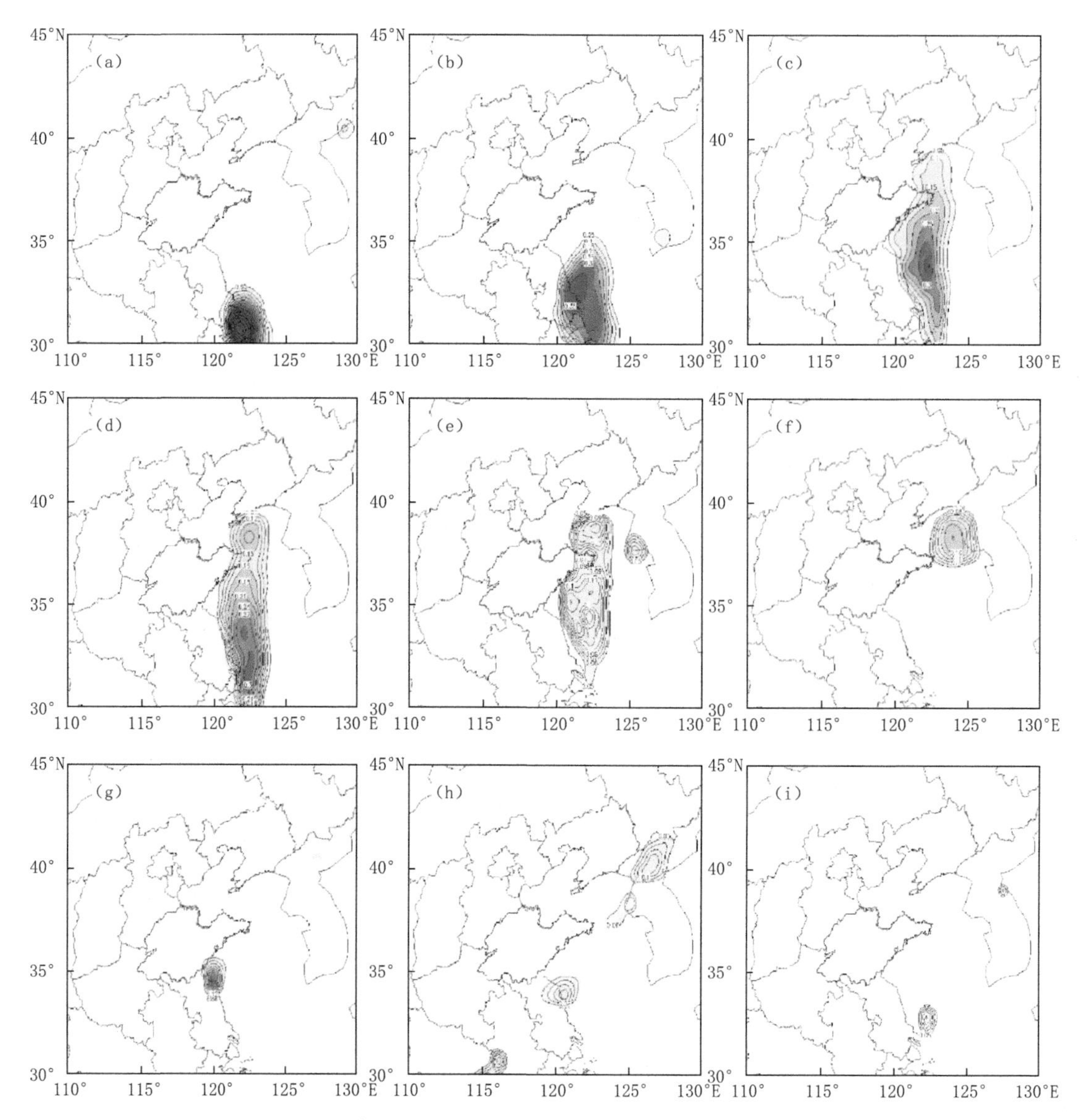

图 5.14　2010 年 2 月 22—25 日液态水含量(单位:g/kg)水平分布图
(a～i 分别为 23 日 02 时、23 日 08 时、23 日 14 时、23 日 20 时、24 日 02 时、24 日 08 时、25 日 02 时、25 日 08 时、25 日 14 时)

后伴随着逆温层的抬升,水汽也向上扩散直至 25 日 14 时后完全消散。

(3)气温和海温温差

中国近海平流冷却雾成雾的气—海温差范围为 $0.5℃ \leqslant (T_a - T_w) \leqslant 3℃$,其中 T_a 为气温、T_w 为海表温度,若 $(T_a - T_w) > 5℃$ 或 $(T_a - T_w) < -0.1℃$ 时,一般不能形成雾。当气—水温差为正值时,暖空气从冷海面上流过,热量从空气向海面输送,空气冷却达到饱和或过饱和状态,凝结成雾;另外当气—水温差为负值时,在近海面层空气温度直减率小于干绝热直减率(未饱和状态)或小于湿绝热直减率(饱和状态)的条件下,只要二者温差不太大,仍然可以形成平流冷却雾。

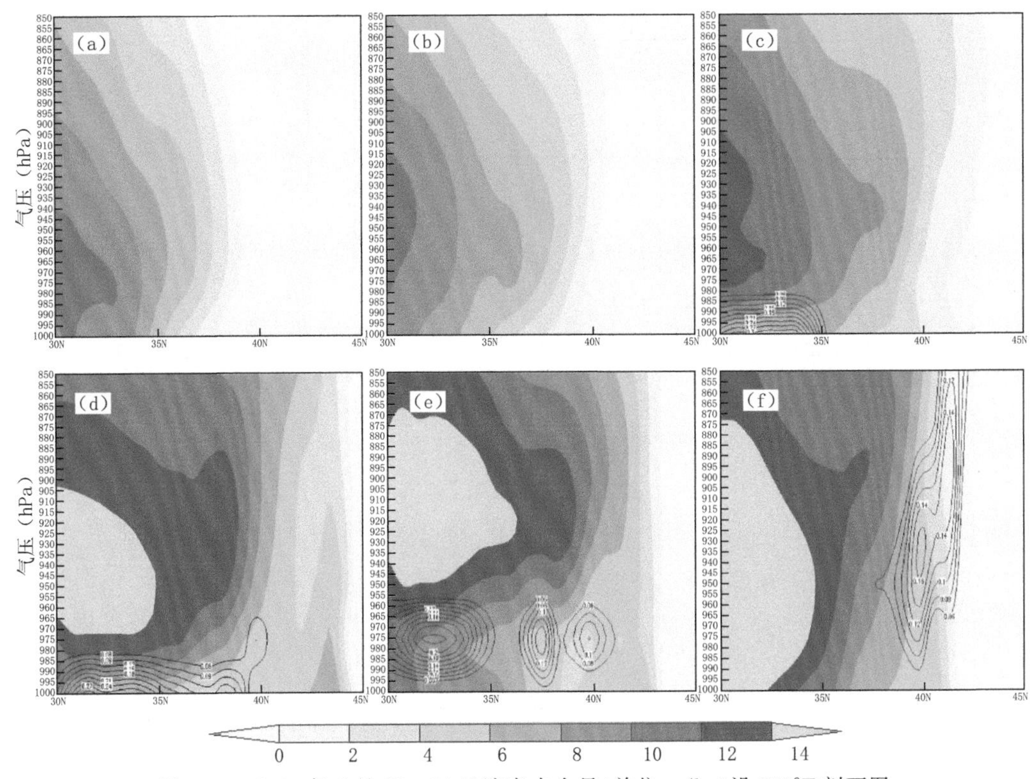

图5.15 2010年2月22—24日液态水含量(单位:g/kg)沿122°E剖面图
(a~f分别为22日08时、22日20时、23日08时、23日20时、24日08时、24日20时)

从气—海温差的分布图分析(图5.16)此次海雾分布的区域与气—海温差≤3℃的区域基本吻合。海雾初生阶段,黄海南部地区以及黄海中部靠近大陆的区域气—海温差在0~1.5℃之间,偏南风风速不大,有利于海雾的生成。22日午后黄海东北部海域风向转为东北风有弱冷空气影响,气—海温差≤3℃的区域略有减小,但是从22日夜间至23日凌晨,渤海以及黄海区域全部转为偏南风形势,十分有利于海雾的形成发展。23日08时至24日08时,由于暖湿空气的不断补充,以及偏南风风速加大,气海温差≤3℃的区域向黄海北部和渤海附近海域扩展,随之海雾也向该区域扩散发展。此时海雾的强度最强、范围也最大。

(4)温度平流

2月22—24日海雾生成和发展时期,黄渤海区域绝大部分时间为暖平流,地面温度平流(图5.17)显示黄海中部,山东半岛以及江苏以东洋面上从22日08时至24日08时始终有强度为10℃的暖平流中心存在,此时高压后部气旋前部的偏南气流持续把南方的暖湿空气向北方输送,暖湿空气长时间维持在较冷的洋面上,不断冷却饱和,并且形成了稳定的大气层结,非常有利于海雾的形成和维持。24日中午中纬度地区锋面系统东移南下,在华北地区东部形成了−25℃的降温中心,随着冷空气的不断影响,以偏南风为主的暖湿空气逐渐被偏北风所带来的干冷空气所取代,原有的大雾维持机制也遭到破坏,大雾随即消散。

(5)散度

海雾生成时期,江苏以东的黄海中部洋面上有一条东北—西南向的复合带,随着偏南气流的逐渐加强,黄海大部分洋面上均转变为一致的偏南气流,辐合区域北抬至山东半岛南部

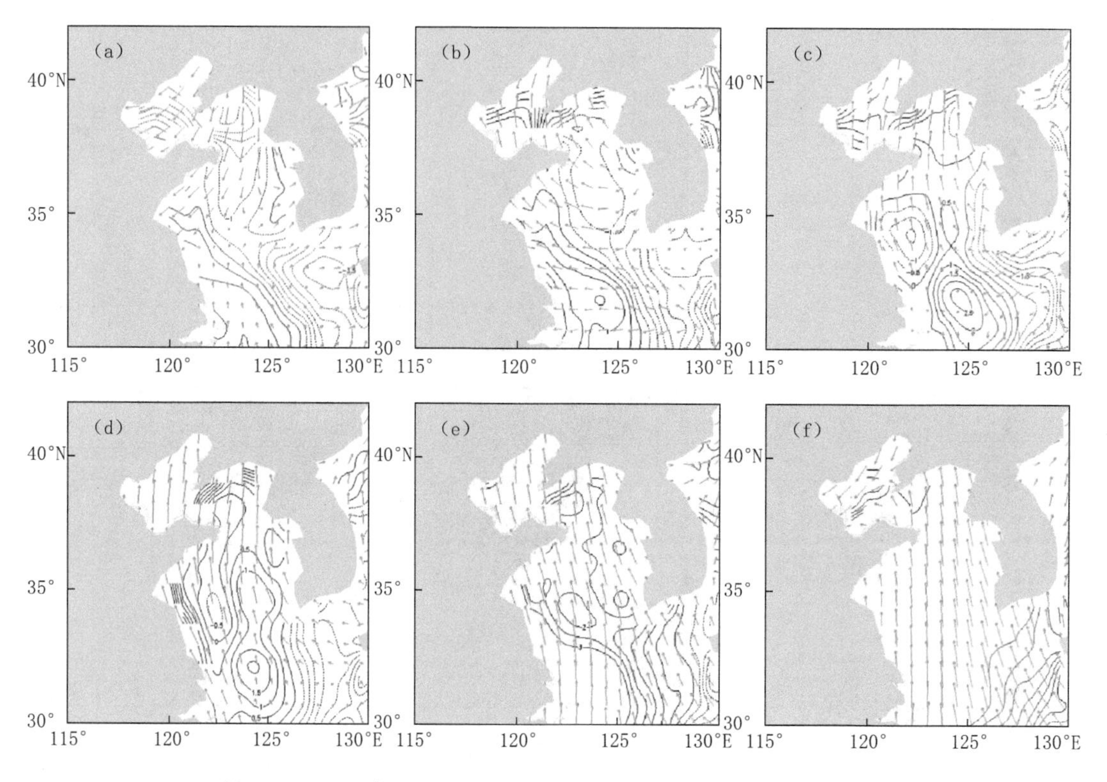

图 5.16　2012 年 2 月 22—24 日气海温差(等值线,单位℃)和风场

(a—f 分别为 22 日 08 时、22 日 20 时、23 日 08 时、23 日 20 时、24 日 08 时、24 日 20 时)

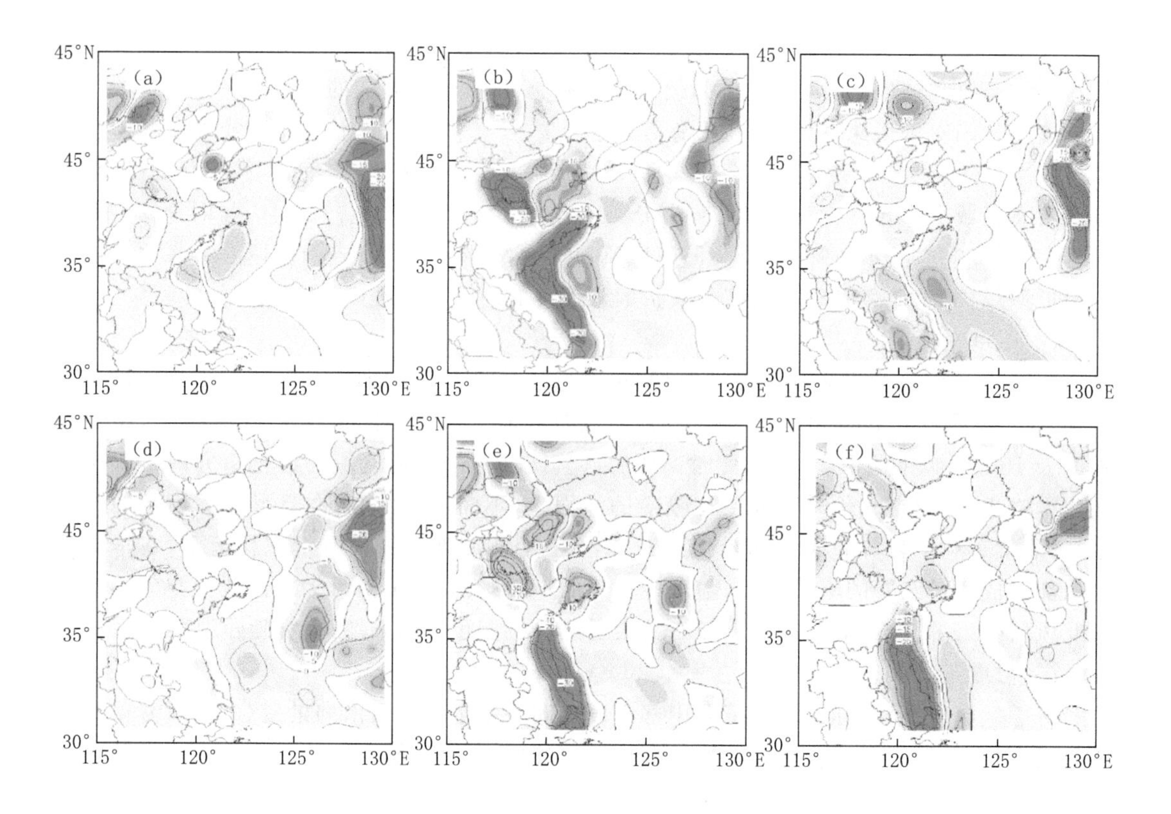

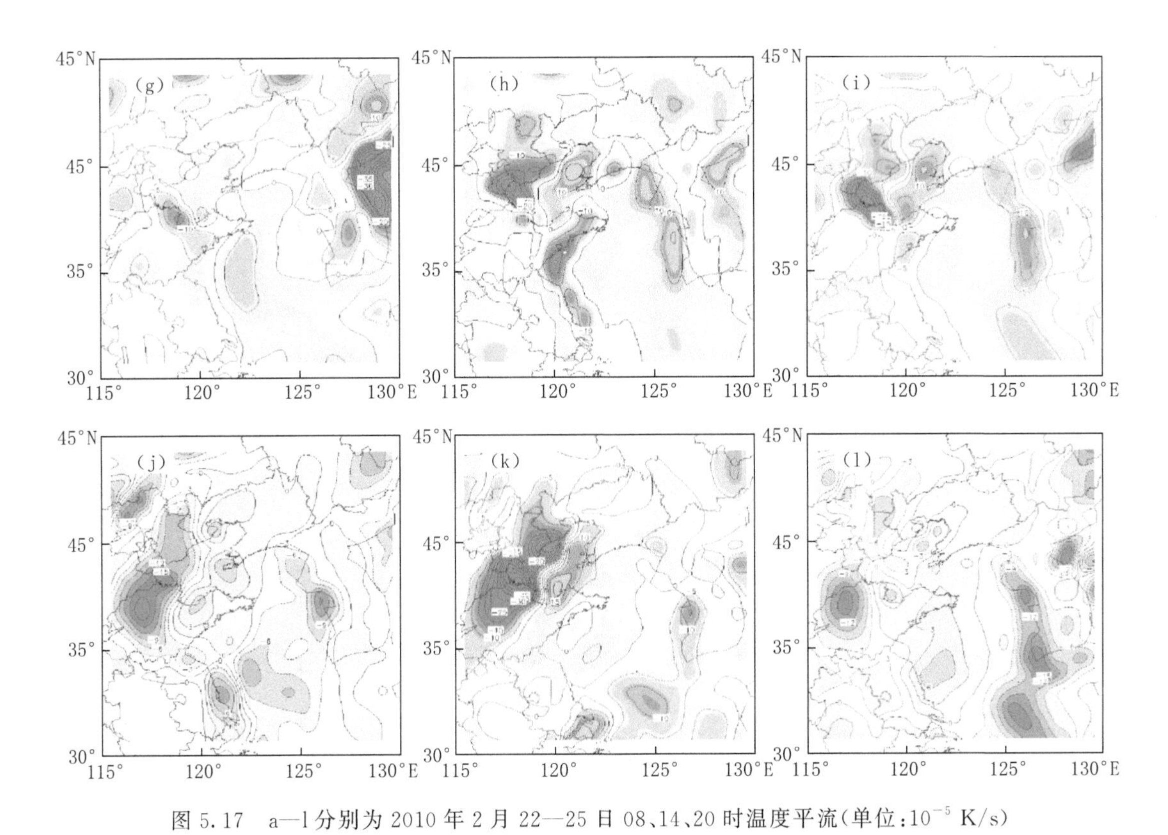

图 5.17　a—l 分别为 2010 年 2 月 22—25 日 08、14、20 时温度平流(单位:10^{-5} K/s)

以及山东半岛以东、以北的黄海北部和渤海区域,辐合区域造成暖湿空气的不断堆积,由于空中存在较强的逆温,层结稳定且短时间内并没有打破该状态的机制,使得大雾在该区域不断加强发展,25 日冷空气南下后,平衡机制被破坏,暖湿空气首先从原有的维持在低层 950 hPa 附近一直扩展到 700 hPa,而后逐渐消散殆尽,海雾彻底消散(图 5.18)。

5.2.4　小结

通过对天气形势以及边界层各气象要素的分析我们得知:

(1)本次海雾天气过程为混合雾逐渐转为平流冷却雾。受切变线和高压后部偏南气流共同作用,雾区首先在黄海中部和东海北部地区产生;海雾发展中后期地面气旋、空中低槽以及副热带高压后部的偏南气流,使得雾区快速向北部地区和陆地扩展,东部沿海地区的江苏、山东南部和东部、辽宁等地区均出现了不同程度及不同持续时间的大雾天气;消散阶段,华北、东北地区冷空气东移南下,海雾维持的平衡机制遭到破坏,大雾消散。

(2)逆温层伴随海雾发生发展的全过程,空中较强的逆温结构,为海雾的生成和发展提供了有利条件。逆温层的出现有效地阻止了低层暖湿空气的垂直扩散,2 月 24 日 08 时后逆温层减弱,低层暖湿空气也随之逐渐向上扩散直至消失。

(3)海雾分布的区域与气—海温差≤3℃的区域基本吻合。

(4)低层辐合的区域与海雾的区域基本一致,表明动力机制也是本次海雾发生发展的重要因素。在低层辐合、高层辐散的区域同时配合有稳定的逆温层结,暖湿空气在该处堆积,对海雾的维持起到了关键作用。

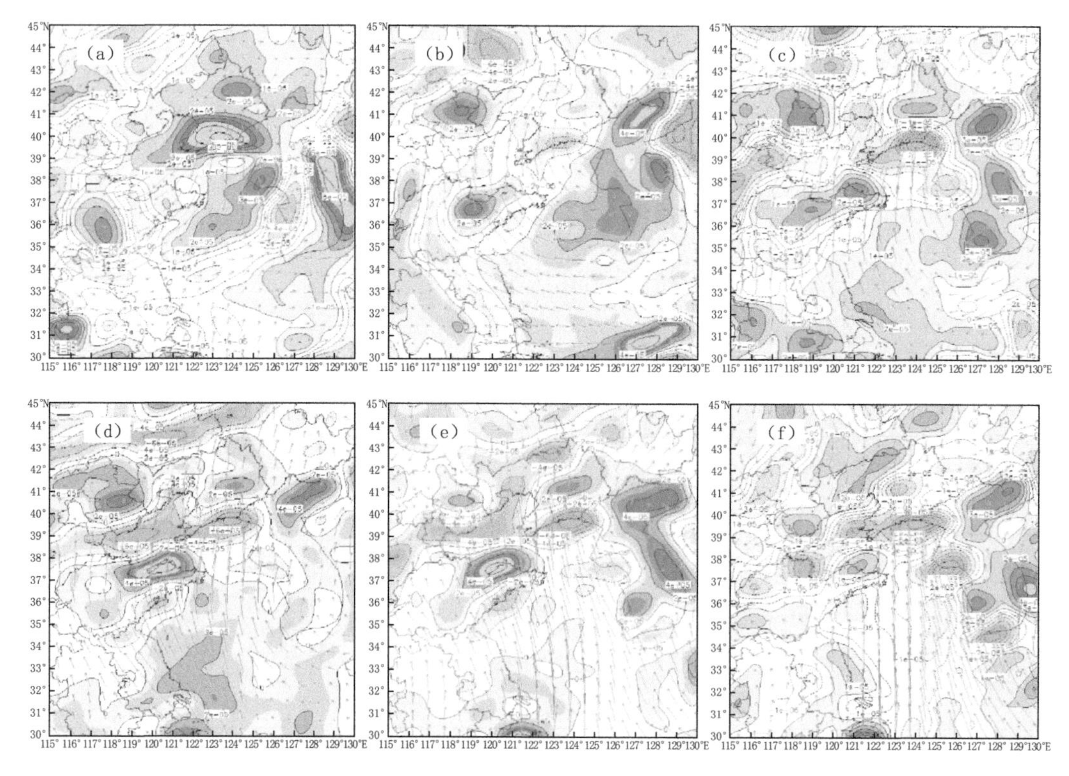

图 5.18 a—f 分别为 2010 年 2 月 22—24 日 08、20 时地面散度(单位:10^{-5})

5.3 2010 年 5 月 31 日—6 月 5 日黄渤海一次持续性海雾过程分析

2010 年 5 月 31 日—6 月 5 日黄渤海海区及周边地区出现了一次大范围的持续性海雾过程,周边多个沿海台站出现大雾,其中成山头站能见度长时间维持在 100 m 左右及以下。

5.3.1 云图及各气象要素演变

通过 MTSAT 卫星可见光云图(图 5.19)监测可以看到,5 月 31 日渤海海峡南部、山东半岛中部首先出现海雾,之后海雾雾区范围不断扩大,至 6 月 1 日,雾区几乎笼罩了黄海北部及渤海海峡,朝鲜西部沿海也有海雾出现;6 月 3 日 08 时,朝鲜西部沿海海雾已消散,但黄渤海海区海雾仍维持,之后随着气温逐渐回升,雾逐渐消散。

31日08时

31日11时

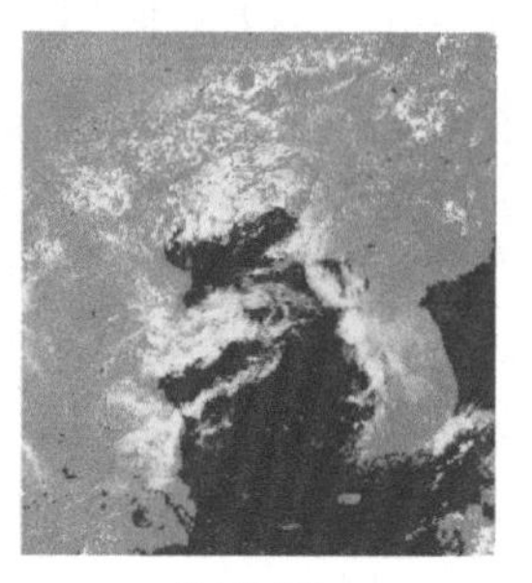

31日14时

31日17时

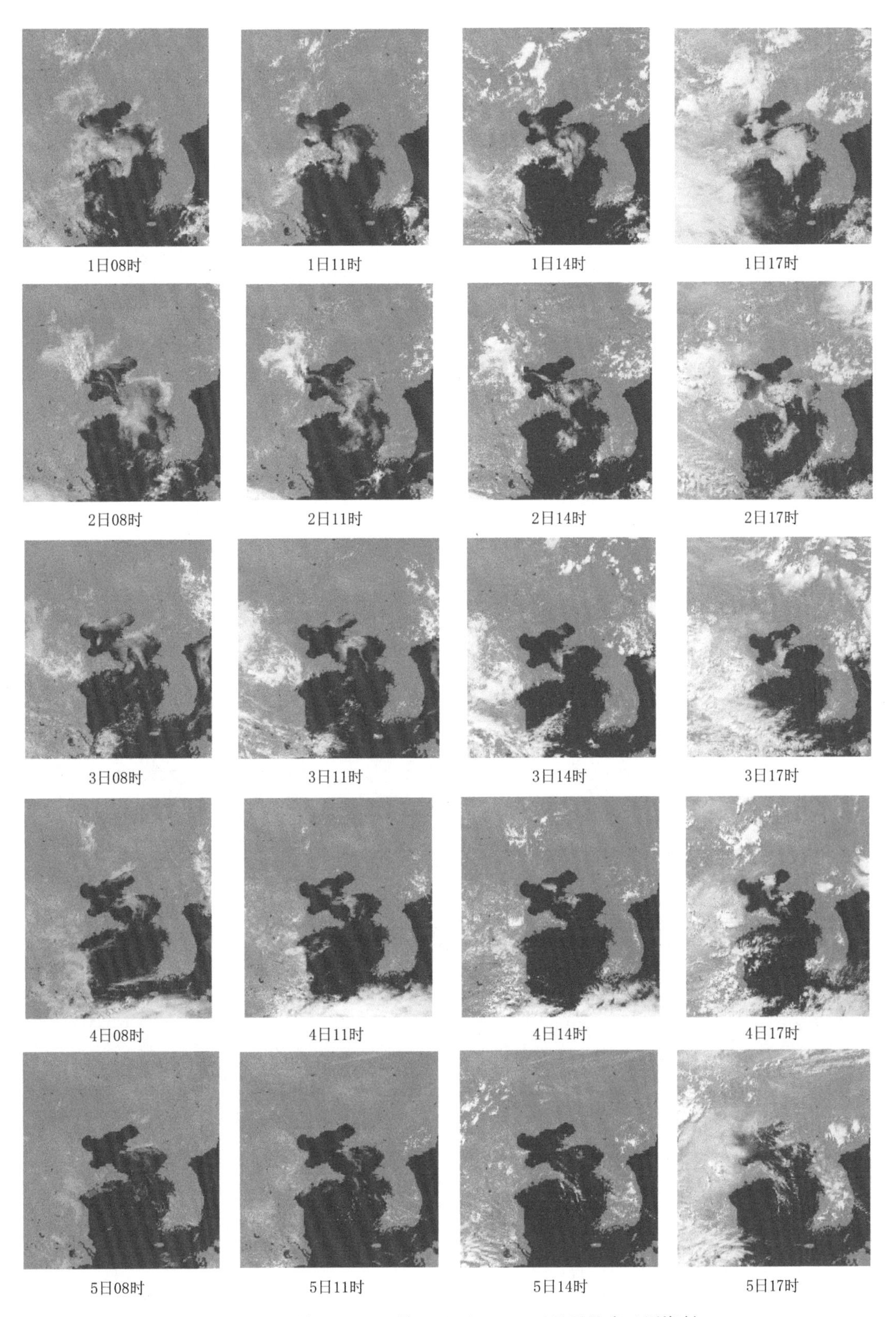

图5.19　5月31日—6月5日 MTSAT 卫星可见光云图资料

图 5.20 为成山头、大连、丹东站 5 月 31 日—6 月 5 日逐三小时能见度演变。可以看到，成山头站能见度演变与云图演变对应较好，5 月 31 日 08 时开始出现轻雾，之后能见度继续转差，夜间由于辐射冷却作用，23 时开始出现大雾并维持，其中 6 月 1 日中、下午能见度短暂好转，海雾消散，入夜后能见度又迅速转差，并再次出现大雾，并持续到 3 日凌晨。大连、丹东站能见度则存在明显的日变化特征，大雾均出现在每日的后半夜，日出前后海雾消散，能见度逐渐好转，中、下午达到最好，入夜后又开始转差。

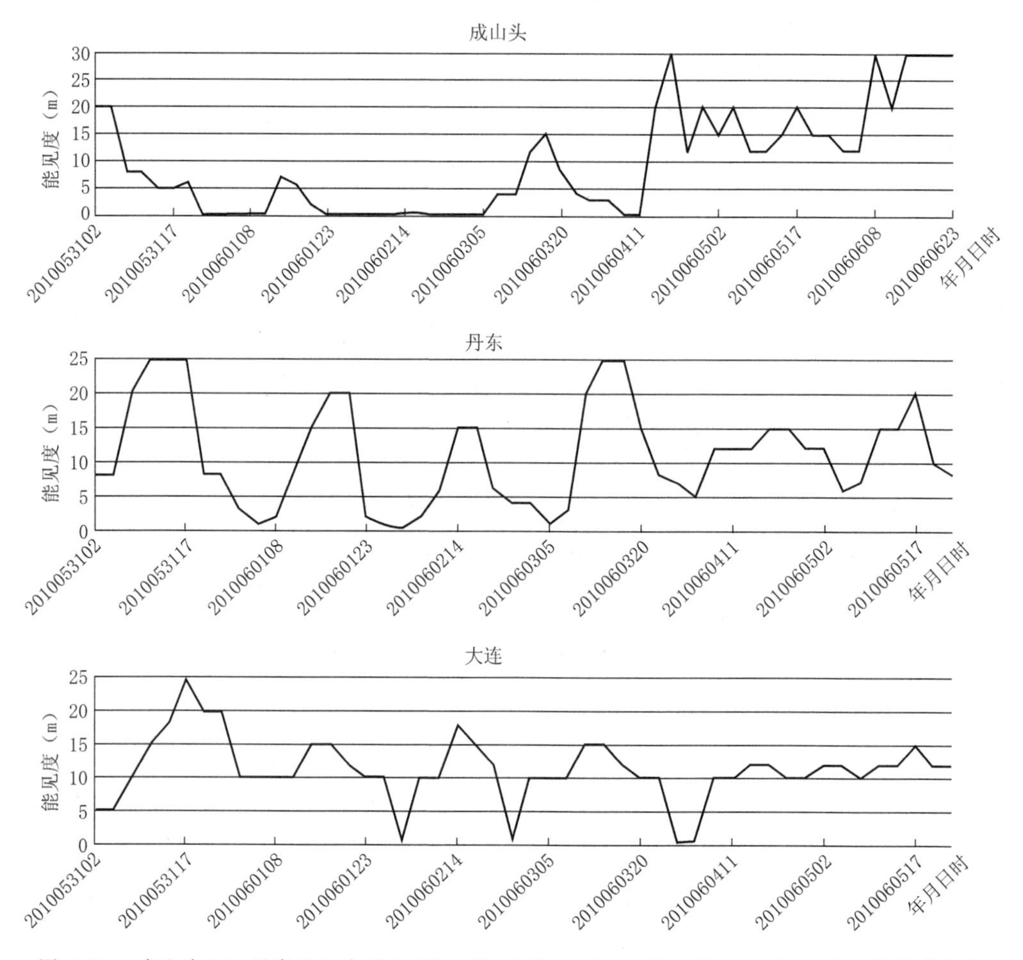

图 5.20　成山头(a)、丹东(b)、大连(c)站 5 月 31 日 02 时—6 月 5 日 23 时逐三小时能见度演变

图 5.21 和图 5.22 分别为成山头、大连、丹东站 2010 年 5 月 31 日—6 月 5 日逐三小时气温、露点温度和温度露点差的演变及风向风速玫瑰图。可以看到大雾期间各要素分布具有如下特征：1)成山头站气温日较差非常小，海雾维持期间最高、最低气温差值不超过 3℃，大连、丹东站则气温日较差均较大，夜间辐射冷却较强；2)气温露点差与大雾相关性非常好，温度露点差较小时，能见度较低，浓雾时，气温露点差接近或等于零，大气接近水汽饱和状态；3)大雾期间各站均以偏南风至西南风为主，但风速有差异，成山头站风速有时超过 6 m/s，丹东、大连站风速则小于 6 m/s。

综合上述，此次持续性大雾过程具有下述特点：1)海雾生成迅速，但消散过程中出现反复；2)海雾为混合型，大雾期间成山头站气温无明显变化，6 月 1 日 23 时—6 月 3 日 05 时，

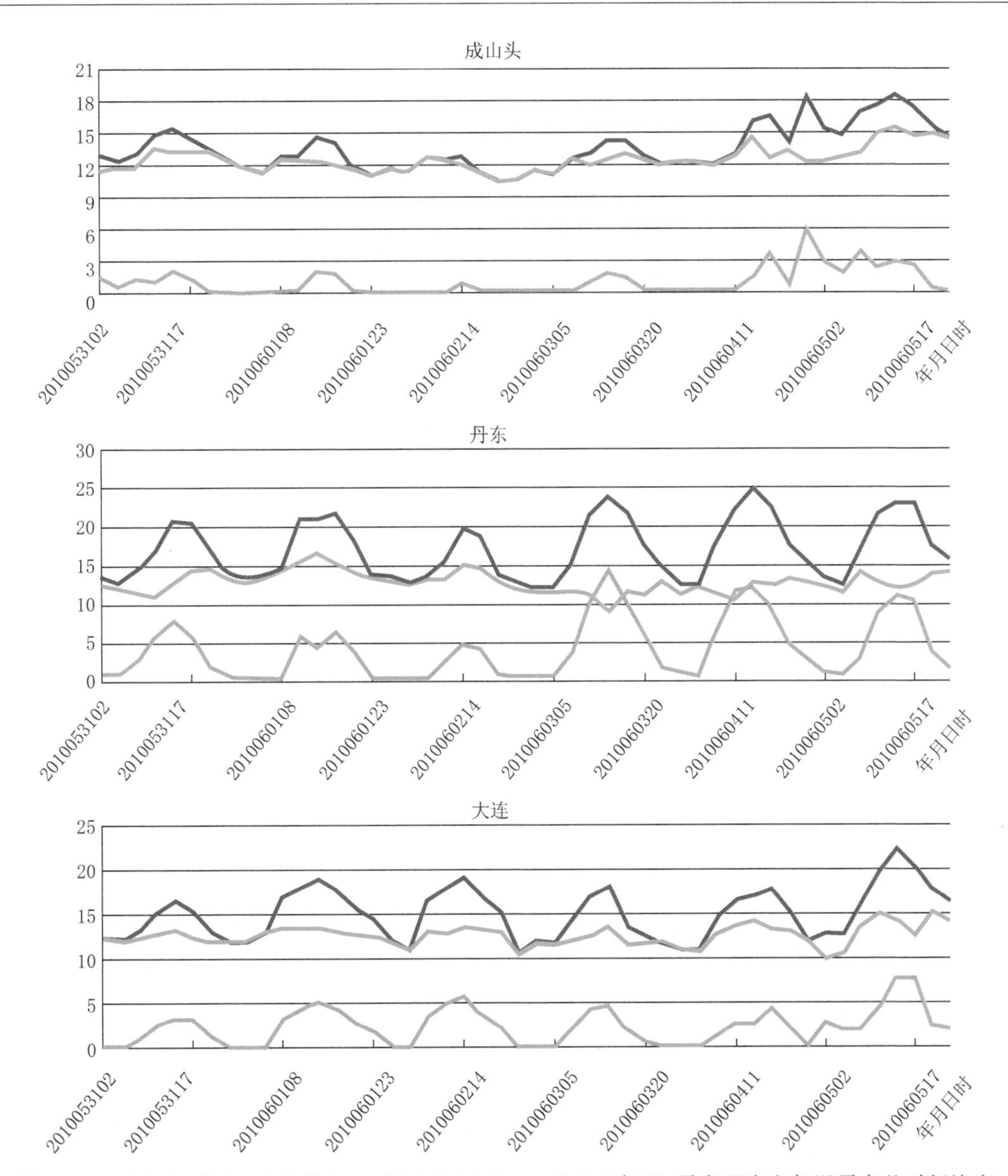

图 5.21 成山头、丹东、大连站 2010 年 5 月 31 日—6 月 5 日气温、露点温度和气温露点差时间演变

能见度小于等于 500 m 持续时间仅 30 小时，且风速多数时次持续在 4 m/s 以上，最大风速为 8 m/s，具有平流雾的特征；丹东、大连站风速持续较小，且气温日较差较大，夜间辐射冷却作用强，能见度在后半夜降至 1 km 以下，日出前后则迅速转好，具有典型的辐射雾特征。

5.3.2 环流特征

此次黄渤海海区持续性大雾的形成、维持与大气环流条件密切相关。

(1)850 hPa 环流形势

从图 5.23 看出，5 月 31 日 08 时，蒙古气旋过境后，我国北方及蒙古大部转为高压控制，高压东移中不断加强，黄渤海海区位于高压东南部，盛行偏东风，有一冷舌从日本东部海面西伸至内蒙古东部。随后高空脊缓慢东移，至 6 月 1 日 20 时，高压东移入海，之后与西太平洋副热带高压逐渐联通，6 月 3 日 08 时，我国北方大部分地区受脊后暖平流影响，气温明显

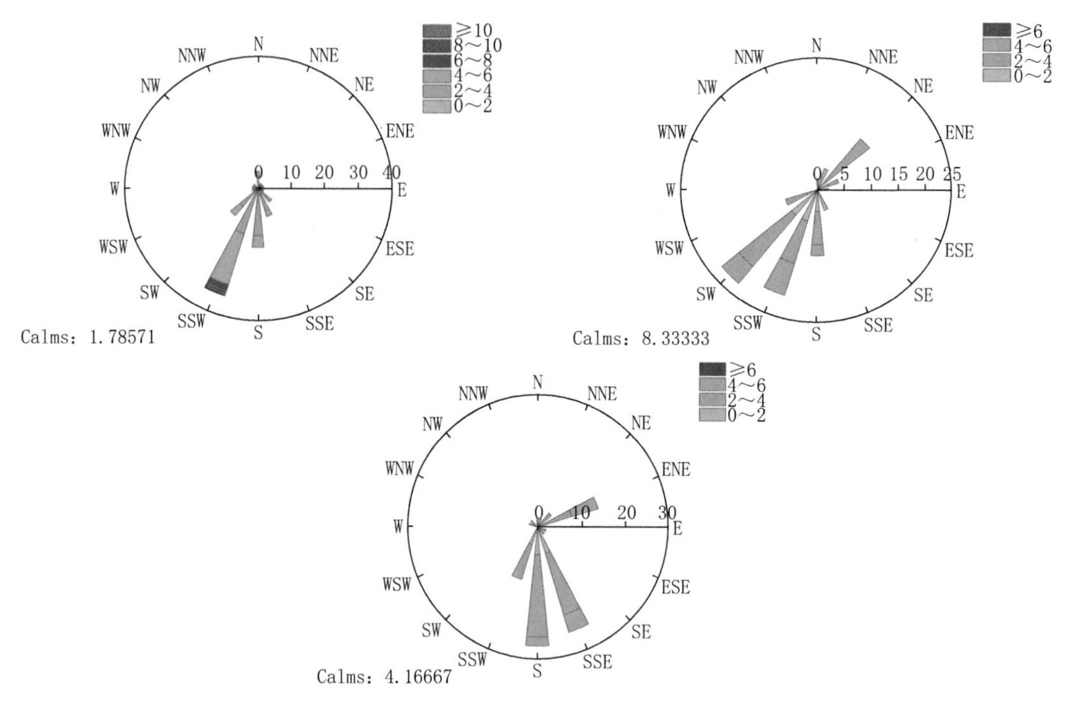

图 5.22　成山头、丹东、大连站 2010 年 5 月 31 日—6 月 5 日风向风速玫瑰图(m/s)

回升，但黄渤海海区仍为冷区；6 月 4—6 日，随着副高东退，西南低压逐渐发展北上，高压带在日本上空断裂，黄渤海虽仍受高压控制，但强度逐渐减弱。

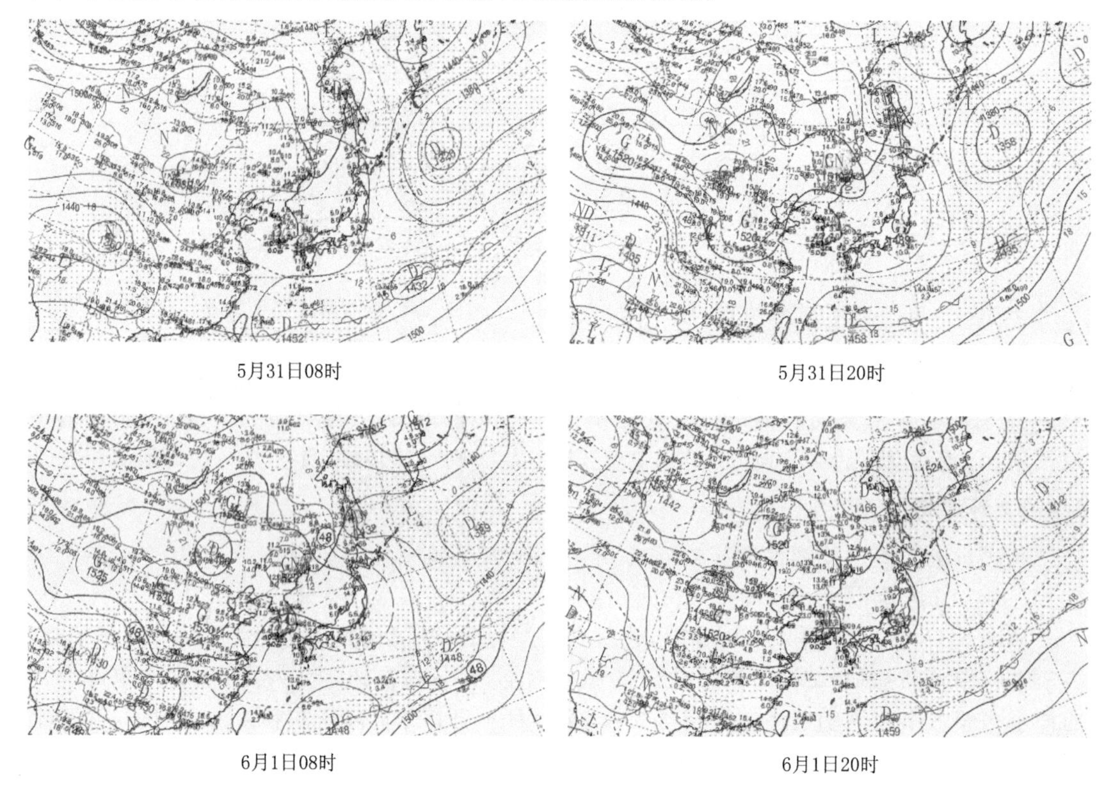

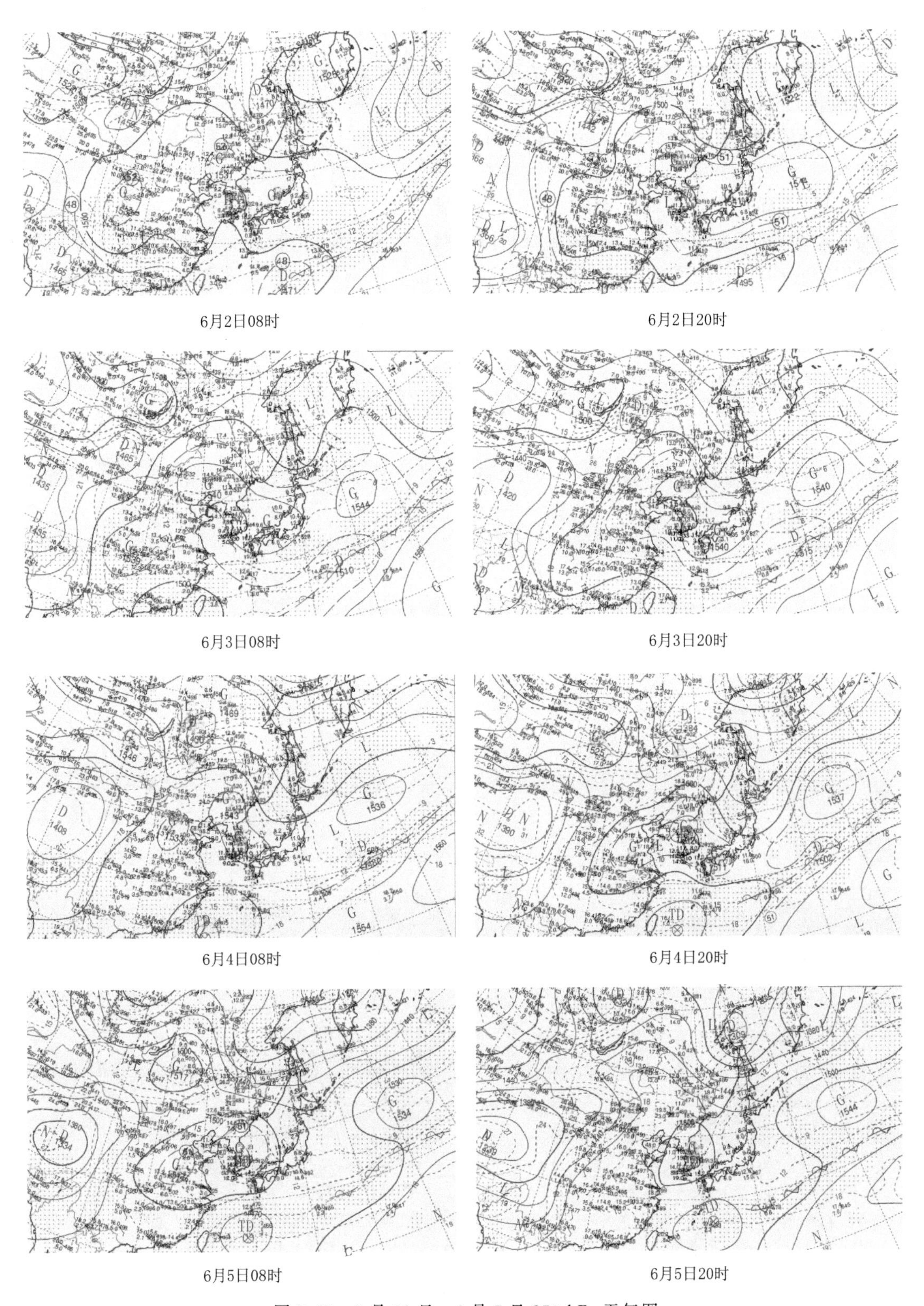

图 5.23　5月31日—6月5日 850 hPa 天气图

（蓝色为高度场(gpm)，红色为温度场(℃)，绿色区域为湿区($T-T_d$<3℃)）

(2)地面环流形势

5 月 31 日 08 时地面图(图 5.24)上，黄渤海海区位于广阔高压带的底部，渤海大部为偏北风或东北风，黄海北部则为东～东南风，风力较弱，风速均小于 5 m/s。5 月 31 日 20 时，随着高压带南压，黄渤海转为入海高压控制，渤海上空有一闭合小高压，渤海海峡转为偏东风控制，黄海则转为偏北风控制，渤海海峡有海雾生成。6 月 1 日夜间，渤海小高压东移至黄海中北部，受鄂霍次克海高压南下影响，黄海小高压中心气压值缓慢上升，此时渤海以偏南风为主，黄海北部则转为西南风，渤海海峡海雾向东发展。至 6 月 3 日 08 时，黄海小高压东移至朝鲜西部沿海，中心气压值继续增大，渤海西部为东南风，黄海中北部则转为偏南风，风速均不大。6 月 4 日后，鄂霍次克海高压东移，黄海小高压移至黄海中部，强度开始减弱，渤海及黄海北部风向均转为西南风，风速增大，海雾逐渐消散。

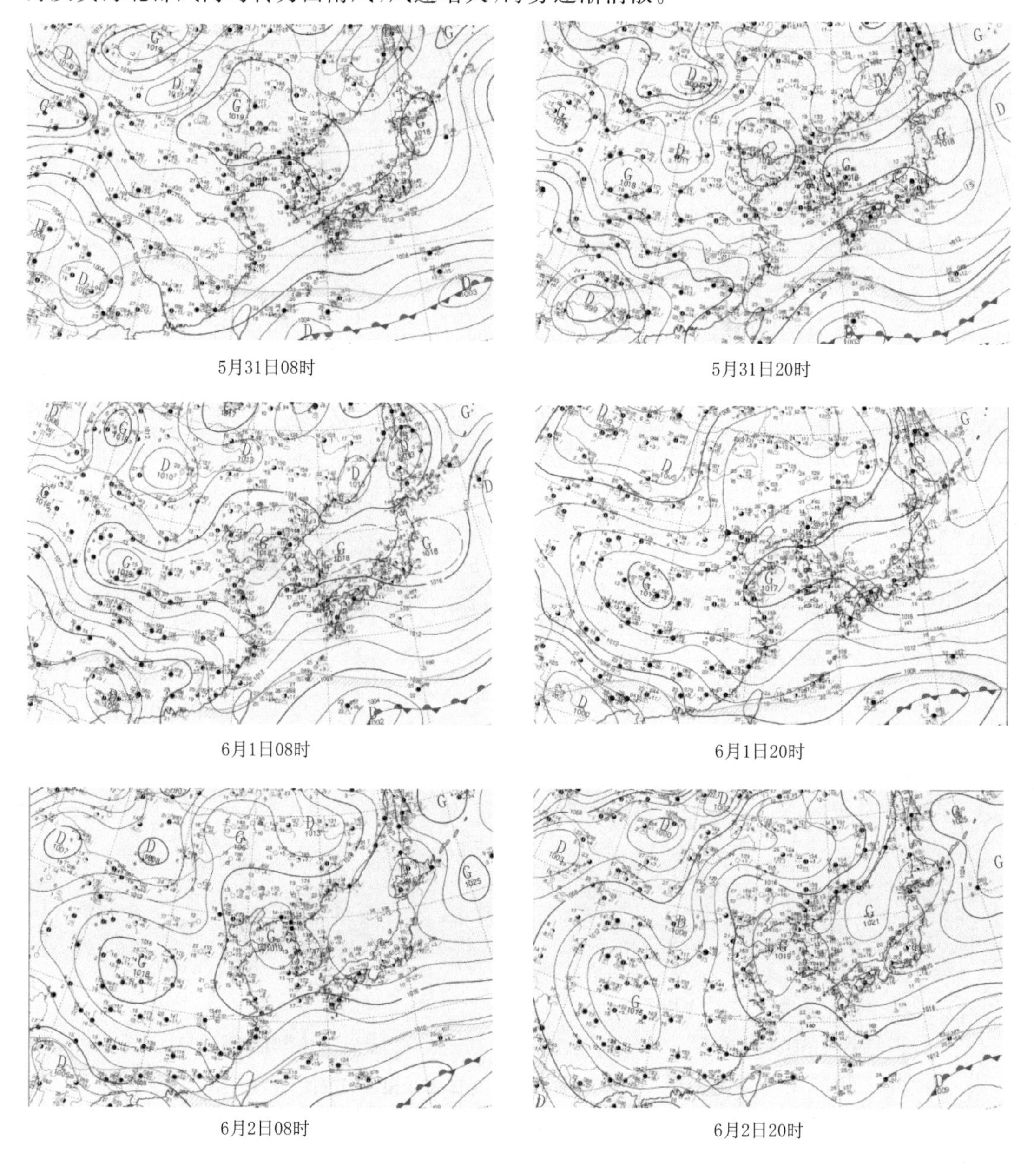

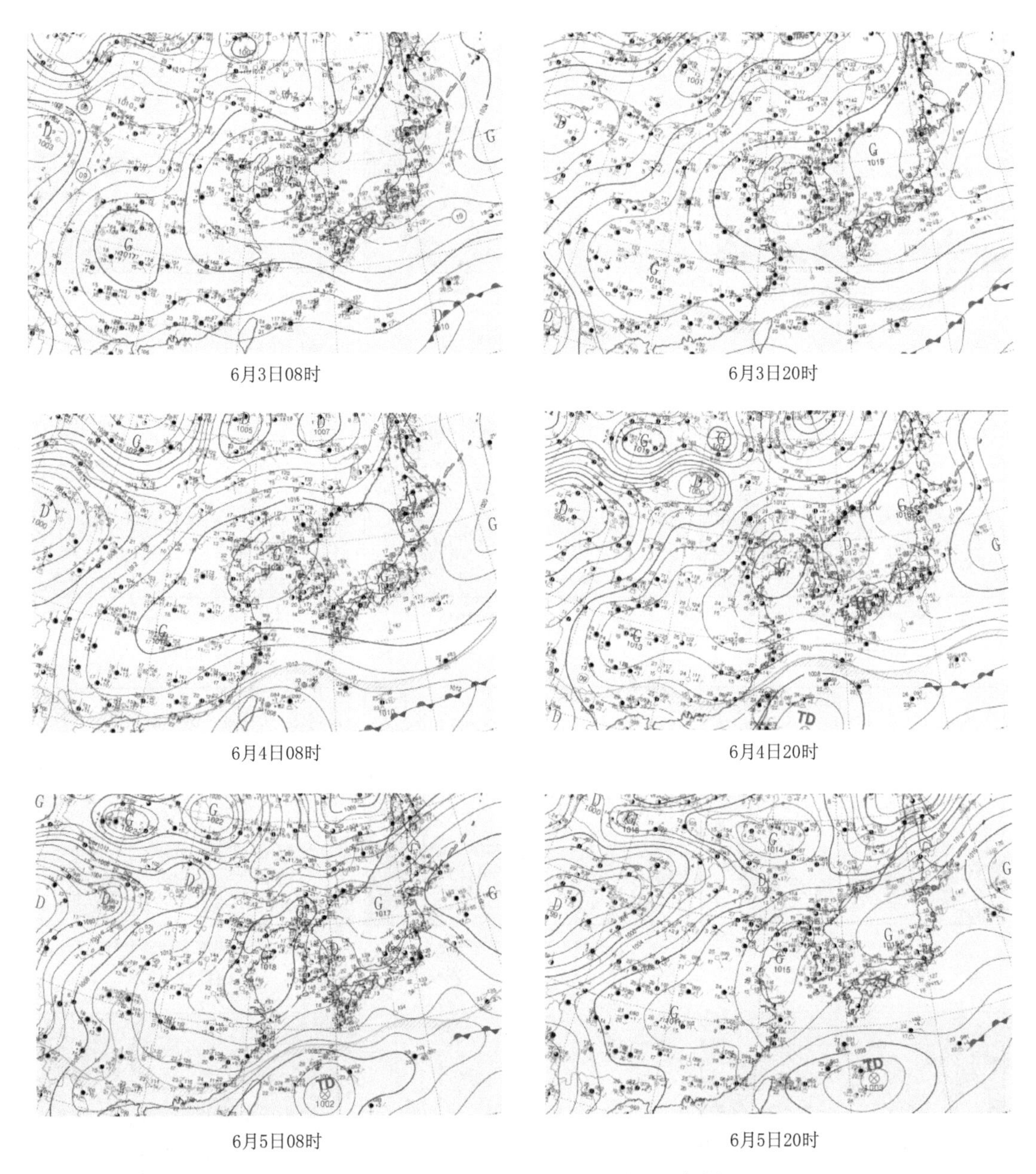

图 5.24　5 月 31 日—6 月 5 日地面天气图

5.3.3　边界层特征

(1)大气层结特征

雾发生时大气边界层总伴有逆温层或等温层存在。图 5.25 为 2010 年 6 月 1 日—6 月 5 日气温、液态水含量、垂直速度沿 122°E 的剖面图。可以看到，6 月 1 日 14 时开始，海雾发生区域低层始终有逆温存在，且 850 hPa 以下垂直速度始终为正值，液态水含量大值区自 1 日开始范围不断扩大，并向北移动，至 02 日 08 时达到最大，此后随着逆温层顶的抬升，水汽向上扩散，并逐渐消散。综上分析，黄渤海海区受南下高压影响，中低层盛行下沉气流，下沉

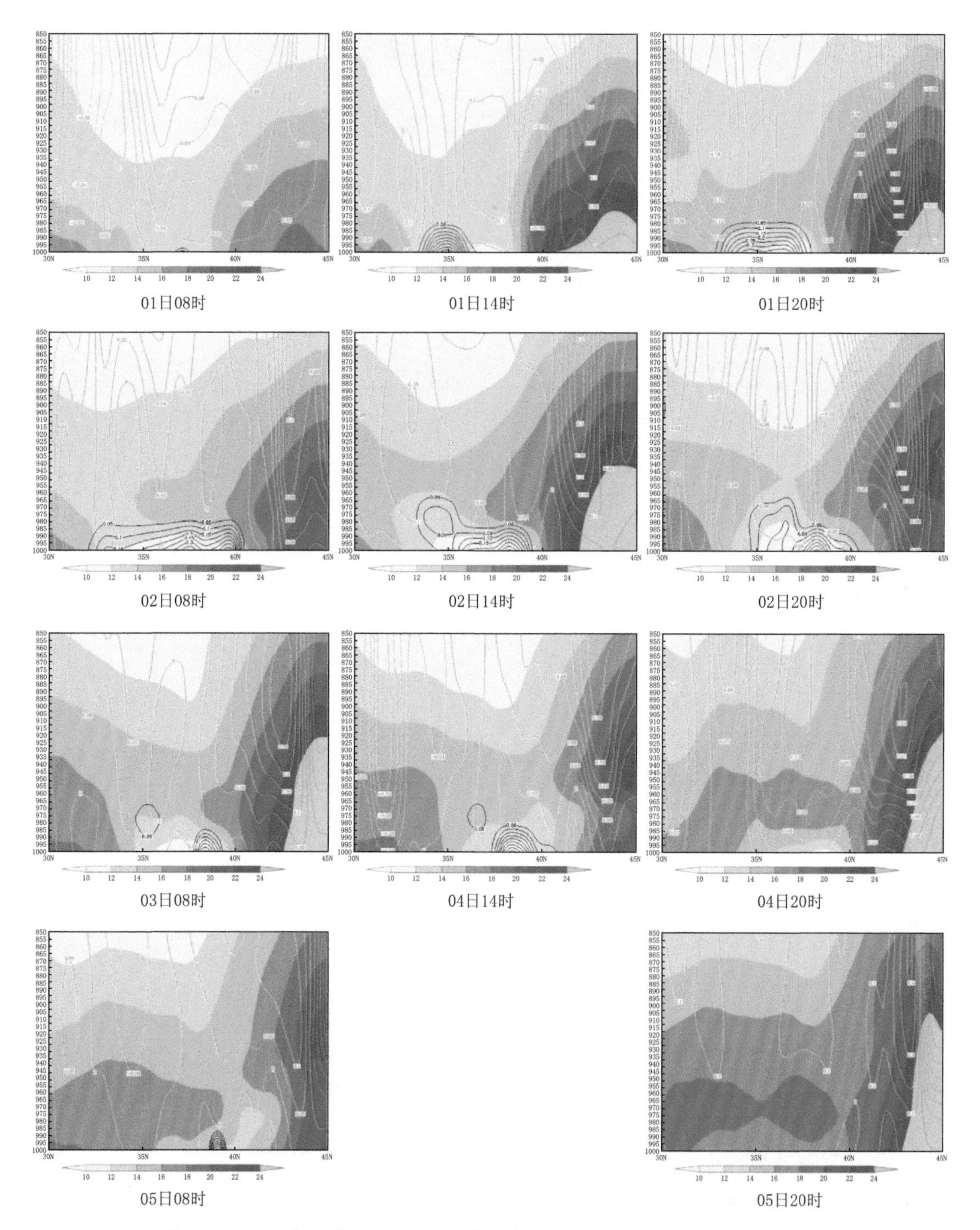

图 5.25　2010 年 6 月 1—5 日气温、液态水含量、垂直速度沿 122°E 的剖面图

（黑色线为液态水含量，绿色线为垂直速度，阴影区为温度）

逆温逐渐形成并维持，逆温层的存在一方面使低层大气始终处于比较稳定的状态，为此次持续性海雾过程提供了稳定的天气背景，另一方面逆温层的存在也阻碍了大气的垂直运动，使

得水汽在大气低层聚积，为海雾的维持提供了有利的水汽条件。

(2)温度平流

海雾形成和维持期间，高压后部偏南气流持续将南方暖湿空气向北输送，暖湿空气长时间维持在较冷的洋面上，不断冷却饱和，并且形成了稳定的大气层结，非常有利于海雾的形成和维持。图5.26为2010年6月1—5日黄渤海海区及周边温度平流图，6月1日渤海海峡及山东半岛南部为暖平流控制，该区域有海雾出现；2日上午开始，我国东部沿海地区有明显冷平流出现，与同时次云图对比看到，山东半岛沿海海雾短时间内消散；到3日中午以后朝鲜半岛西部出现较强冷平流，朝鲜西部沿海海雾随之消散。

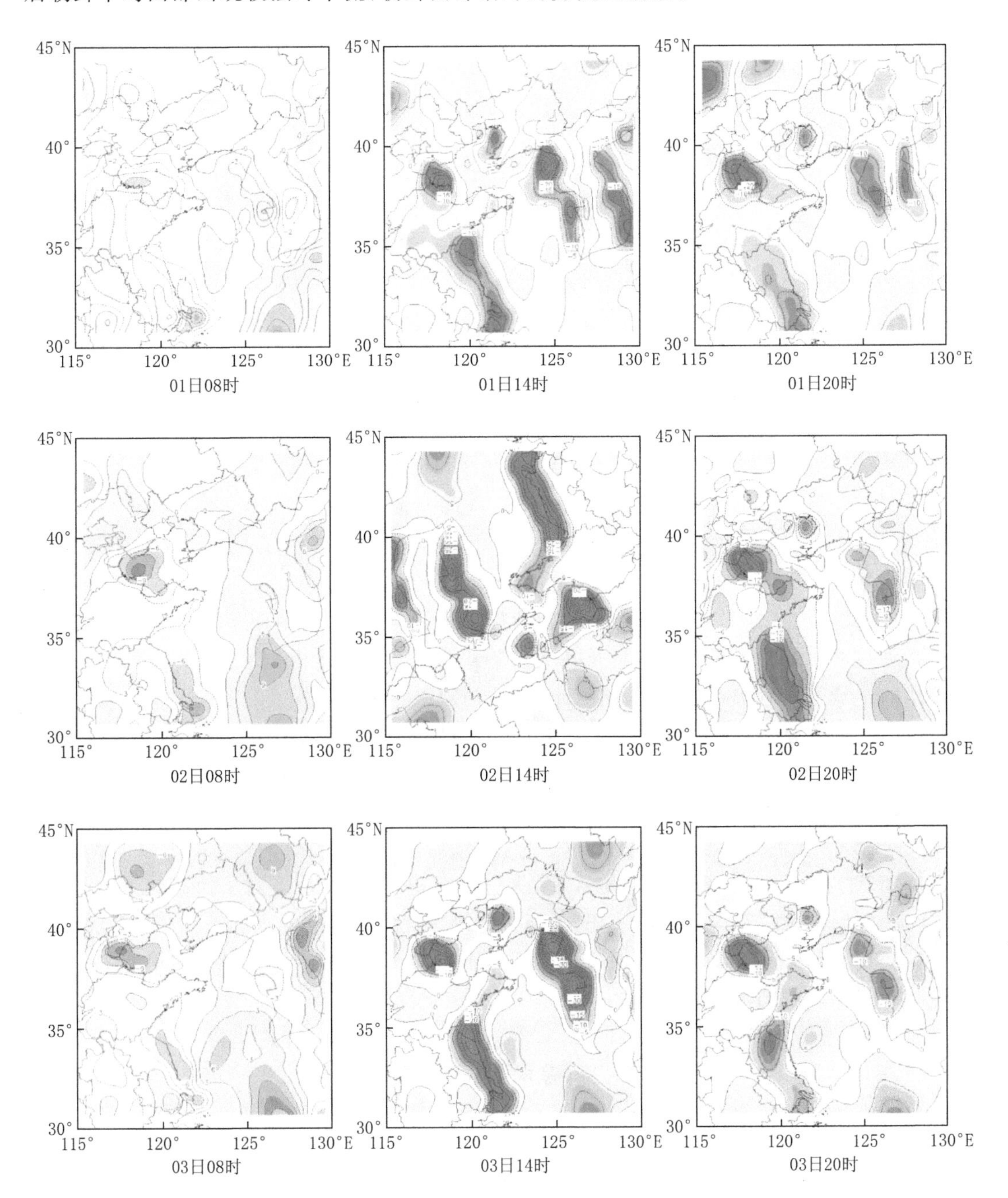

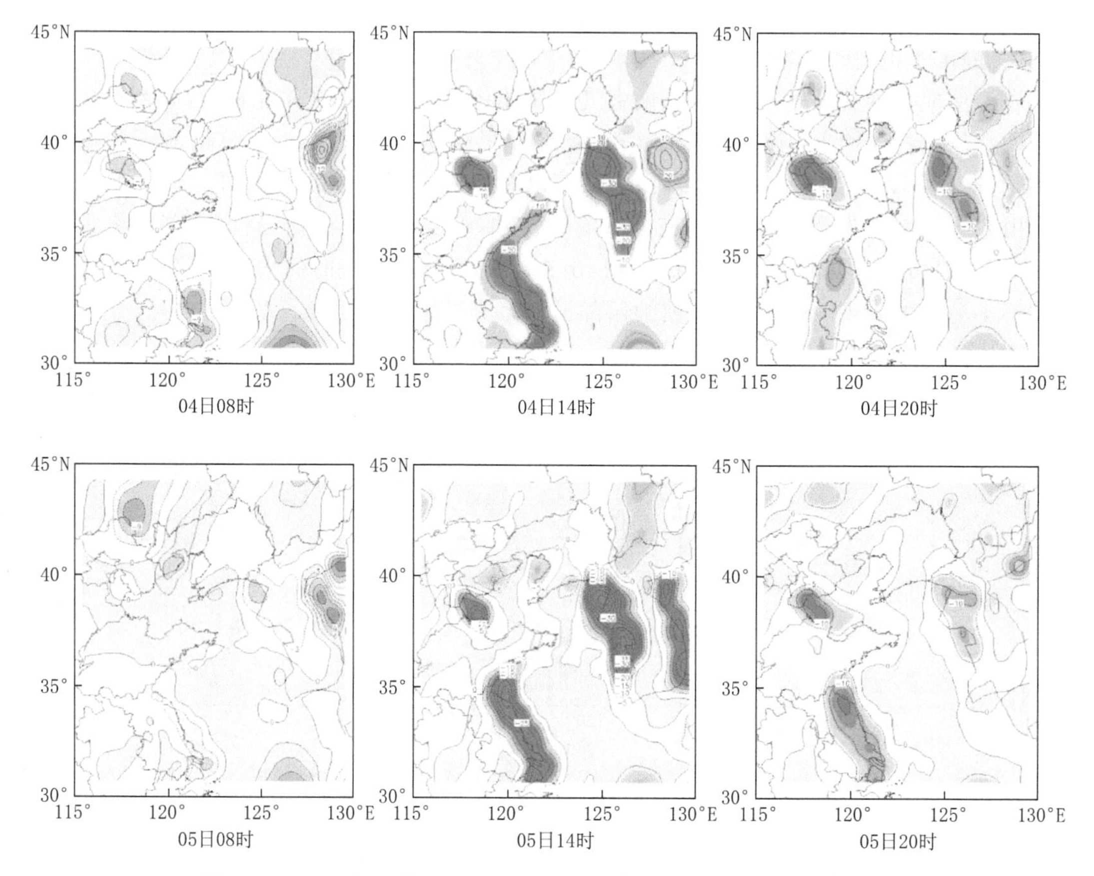

图 5.26　2010 年 6 月 1—5 日 08、14、20 时温度平流(单位:10^{-5} K/s)

5.3.4　小结

通过对此次持续性大雾的天气形势、边界层特征进行分析表明:

(1)通过对可见光卫星云图资料及各气象要素的演变进行分析表明,此次海雾过程为混合性,既有平流雾又有辐射雾,海雾生成迅速,但消散过程中出现反复。

(2)大气环流直接影响大雾的生消。此次海雾过程是蒙古气旋过境以后,黄渤海海区受入海变性高压控制形势下出现的;大雾形成前的降水降温过程使得下垫面较冷、水汽充沛;黄渤海海区转为入海变性高压控制后,维持晴好天气,地面风速微弱,温度日较差大,夜间辐射冷却是海雾形成的主要原因。

(3)海雾发生期间,黄渤海受高压控制,天气形势稳定,中低层盛行下沉气流,下沉逆温逐渐形成并维持,水汽在大气低层聚积,为海雾的维持提供了有利的水汽条件。

(4)高压后部偏南气流持续将南方暖湿空气向北输送,有利于海雾的形成和维持,较强冷平流出现后,海雾则随之消散。

参考文献

孙亦敏,1994. 灾害性浓雾[M]. 北京:气象出版社.

第6章　黄渤海海雾数值模拟

我国近海是海雾多发区。在海雾发生时，能见度降低，对海上交通安全及港口作业等带来非常不利的影响。仅山东近海，1955年至2005年50年间因海雾导致了海难近百起，造成人员死亡，船舶触礁，沉没，搁浅，误入经济作物养殖区等(张苏平，2008)。我国对海雾的研究可追溯到20世纪40年代，60、70年代发展较快，但主要限于观测与统计研究(王彬华，1983，傅刚等，2016)，由于雾是主要发生在大气边界层内，动力和热力过程十分复杂的一种天气现象，加上海上观测资料有限，依赖常规观测资料研究雾的发生发展机制十分困难。随着计算机数值模拟技术的迅速发展，20世纪60年代Estoque(1963)边界层模式的建立，海雾数值模式得到逐步发展，特别是70—80年代美国进行的COMMON计划(Dale，1994)，大大促进了人们对海雾的认识。

利用观测资料和数值模式对海雾进行模拟研究是海雾研究的重要内容。只有在成功模拟的基础上，才能用模式对海雾进行机制研究并最终实现海雾数值预报。因此，目前对海雾的研究已逐渐深入到数值理论方面，数值模式已成为研究海雾形成机制的重要手段和有力工具。

在早期的研究中，国内外学者多用一维模式(Fisher，et al.，1963；Oliver et al.，1978；周斌斌，1987；Bergot，et al.，1994)或二维模式(孙旭东等，1991；胡瑞金等，1997)对海雾进行研究。虽然所采用的模式存在一些不足，如没有考虑辐射的散射、液态水的蒸发等，但其工作证明了使用数值方法对雾进行研究的可行性以及辐射和湍流在雾发展过程中的重要性。

近年来，利用三维数值模拟对海雾研究有了较大发展，逐渐成为各国学者研究海雾的重要工具(Stoelinga，et al.，1，1999；Thompso，et al.，1，2003；樊琦等，2004；傅刚等，2004；Fu等，2006，2008；Gao等，2007)，通过对不同个例模拟，对雾的三维结构以及对能见度的影响进行了一系列研究，并对其机制进行了探讨。如Koracin等(2005)利用MM5模式对美国加利福尼亚沿岸海雾的形成、发展和消散进行了研究，发现海洋上空大气边界层中云顶辐射冷却是导致海雾形成的重要原因；傅刚等(傅刚等，2004)利用RAMS模式对黄海地区海雾进行了数值模拟，取得了较好的模拟结果，模拟的低能见度区域和可见光卫星云图观测的雾区吻合较好。借助RAMS模式的模拟结果，发现海雾是由于相对暖的空气流向冷海面致使其温度降低到露点温度以下引起的，SST敏感性试验证实了SST梯度对海雾形成的重要性；Gao等(2007)用MM5模式研究了低空暖湿平流在海雾形成过程中的作用，发现低层来自南方的暖湿气流在海面上形成了约600 m厚的逆温，当该逆温北上移动到相对冷的黄海上空时，在冷却和加湿的共同作用下，伴随着热力边界层出现，海雾逐渐形成，并在南风作用下北移。当干冷北风入侵时，热力边界层被破坏，海雾消散。

另外，作为新一代中尺度数值模式WRF(Weather Research Forecast)，由于具有同化方法先进、更新迅速、技术支持有力等诸多优点，在海雾的研究中也逐步得到应用(张苏平等，

2010；袁金南等，2011；陆雪等，2015；袁夏玉等，2014；黄辉军等，2015）。

综观使用数值模式对海雾进行研究的历史，对雾的数值模拟经历了一维、二维到三维的发展过程，模式从只考虑简单物理过程的一维模式发展到包含了复杂动力过程和各种物理参数化方案的较完善的区域模式。

在中国近海的海雾数值模拟研究方面，胡瑞金等（1997）利用二维数值模式，研究了在海雾过程中海温场、气温场、湿度场、风场等海洋气象条件的影响。傅刚等（2002）首次利用三维数值模式较好地模拟出黄海海雾生消过程。随后傅刚等（2004）对 2004 年 4 月的一次黄海海雾个例进行了成功的模拟。Gao 等（2007）利用中尺度大气模式（MMS）模拟了 2005 年 3 月的一次黄海海雾的形成过程及演变特点，并利用卫星资料、地面和探空资料进行验证。后来，高山红等（2010）尝试利用循环 3DVAR 的方法改进模式的初始场，取得较好的改进效果。张苏平等（2010）利用 WRF 模式，同时用浮标站和探空资料验证，分析了 2008 年 5 月的一次黄海海雾过程，同时指出海雾形成对海表面温度的变化比较敏感。Heo 等（2010）利用海气耦合模式（COAMPS—ROMS）分析了黄海两种典型海雾（平流雾与蒸发雾）的生消机制。Kim 等（2012a）利用一维湍流模式（PAFOG）和三维模式（WRF）相耦合，研究了黄海冷海面上海雾的发生过程；与观测资料相比较，耦合模式比单独用 WRF 模式取得了更好的模拟效果。赵定池等（2014）利用 WRF 和 POM 模式实现了海面温度的传递，对 2008 年 7 月的一次黄海海雾过程进行了模拟，结果表明可以较好地模拟海面温度的变化，从而更好地反映出海雾的雾区范围。

从开展海雾三维数值模拟研究过程看，中国学者的研究工作大体可以分为初期的单纯数值模拟工作和后期的数值模拟与数值试验工作两个阶段。初期的海雾三维数值模拟研究工作以“模拟得像”为主要目的。在三维海雾模拟能抓住海雾事件的主要特征的基础上，研究者开始考虑利用数值模式开展海雾的数值模拟与数值试验工作。如 Gao 等（2007）对 2005 年 3 月 9 日发生在黄海的一次海雾事件进行了研究。该研究的主要发现是，海雾在相对持久的暖湿的偏南风和冷海表面上易于形成，由风切变引起的湍流混合是海洋上大气边界层降温和增湿的主要机制。此外敏感性试验研究表明，数值模拟可以为黄海海雾的预报提供一个有前途的方法。

综合而言，目前对海雾的研究多集中在对海雾模拟结果的简单分析及对形成机制的初步认识，对海雾形成和发展中各种物理因素如平流、辐射、湍流和 SST 的作用及其相互关系的研究还需要进一步深入，对海雾垂直高度的发展变化以及这种变化带来的一系列相互作用还需要进一步研究，对海雾的形成机制还缺乏更加全面的认识。此外，由于黄海是中国海雾发生最频繁的海域（张苏平，2008），因而也是数值模拟研究相对集中且较为全面的海域，总体来说，对渤海海雾的研究和数值模拟相对仍显不足。

本书 1～4 章内容主要是根据近 15 年（2001—2015 年）的历史数据，对其进行了天气气候学分析。我们依据近 8 年（2004—2011 年）资料，普查了发生在黄海、渤海 29 次海域海雾天气个例（见附录），在此工作和许多前人研究基础上，对发生在黄海、渤海海域的典型海雾过程（见附录）进行数值模拟研究，希望通过个例研究，能对黄海、渤海海域海雾的水文气象环境条件，及其生消、发展特征有较全面的了解，进一步丰富和检验已获得的有关黄渤海海雾的认识。

6.1　2014年4月22—23日过程

6.1.1　资料与模式

6.1.1.1　资料

本节使用的资料主要有以下几种：(1)中国气象局国家卫星气象中心提供的NOAA-6气象卫星大雾监测图像资料；(2)每日北京时07和19时两个时次探空资料，要素有温度、湿度、气压、风向、风速等，该资料基本能够反映海洋上空大气层结变化特征(张苏平，2008)探空资料来自美国怀俄明大学(http://weather.uwyo.edu/upperair/pounding.html)；(3)中国气象局气象信息综合分析系统(MICAPS)提供的地面站观测资料，该资料8次/d，包括低云量、高低云状、风速风向、能见度、现在天气现象、军民航气象站每小时观测资料等，分析过程中利用卫星可见光云图资料，结合MICAPS地面观测资料确定海雾(能见度＜1000 m)生消过程的时间节点；(4)韩国气象局天气分析图；(5)美国国家环境预报中心NCEP(National Centers for Environmental Prediction)提供的再分析资料

6.1.1.2　模式简介与设计

本文采用NCEP1°×1°再分析资料作为模式的初始场及边界条件，初始时刻为2012年4月22日08时(北京时间)，积分时间48 h，积分步长180 s，模式采用双重双向嵌套，区域范围、参数设置及模式各物理参数化方案选项见下表6.1。

表6.1　模式设置参数表

区域与选项	设　置	
	D1	D2
区域与分辨率	双重嵌套、Lambert投影	
	中心点(39°N、122°E)	
	格点数100×100	格点数142×142
	30 km	10 km
	垂直分辨率37η层 (1.000,0.9722,0.9444,0.9167,0.8889,0.8611,0.8333,0.8056,0.7778,0.75,0.7222,0.6944,0.6667,0.6389,0.6111,0.5833,0.5556,0.5278,0.5,0.4722,0.4444,0.4167,0.3889,0.3611,0.3333,0.3056,0.2778,0.25,0.2222,0.1944,0.1667,0.1389,0.1111,0.0833,0.0556,0.0278,0.000)	
积分步长	180s	60s
边界层方案	MYNN2方案(Nakanishi and Niino 2006,BLM)	
积云方案	Kain-Fritsch方案(Kain 2004,JAM)	
微物理方案	Lin方案(Lin,Farley and Orville 1983,JCAM)	
辐射方案	长波辐射:RRTM方案(Mlawer et al. 1997,JGR)	
	短波辐射:Dudhia方案(Dudhia 1989,JAS)	
陆面过程	Noah陆面过程	

根据高山红等(2010 a)提出的方法，在模拟结果中，从上往下寻找雾顶，若云水含

量>0.015 g/kg，且雾顶高度≤600 m，则此区域就看作是模拟雾区。海面 10 m 高度上的云水混合比≥0.015 g/kg 的模拟雾区认为是海雾，而模拟雾区的其他区域则认为是低层云。

6.1.2　海雾观测分析

事实上，由于海上观测资料很少，气象、水文同步观测资料更少，对海雾的认识还不够全面。尤其是在渤海，相对于黄海、东海或南海而言，有关海雾的研究更少，为了对海雾有基本的认识和了解，一些研究以海湾沿岸站点观测到的雾来代替海雾（孙安健等，1985）。由于资料限制，本节也基于同样方法对海雾过程进行研究。

（1）形成阶段

由于缺乏海上观测资料，难以准确地确定远海海雾形成的确切时间。通过分析相关近海沿岸气象观测站能见度观测资料（包括中国气象局 8 次/d 地面站观测资料、军民航气象站每小时观测资料）发现，渤海、黄海不同海域沿岸海雾形成的时间并不相同。渤海辽东半岛南部（新金）海雾生成最早，生成于 22 日 20 时前后；黄海北部（丹东机场 23 日 00 时）生成于 23 日凌晨；渤海西岸的绥中、山海关地区海雾于 23 日 01 时开始出现。

（2）发展维持阶段

统计结果表明，辽东湾海雾过程平均持续时数为 7.8 h，（王玉国等，2013）渤海湾西北部平均海雾过程持续时间为 5.4 h。若以≤1 km 作为雾的生消判断标准，2012 年 4 月 22—23 日海雾过程中，由图 6.1 可知，各地区海雾生成后，渤海辽东半岛西岸（新金、丹东）持续至 23 日早上，发展维持时间黄海北部在 9～10 h，渤海（绥中、山海关）为 6～7 h。在此期间，保持

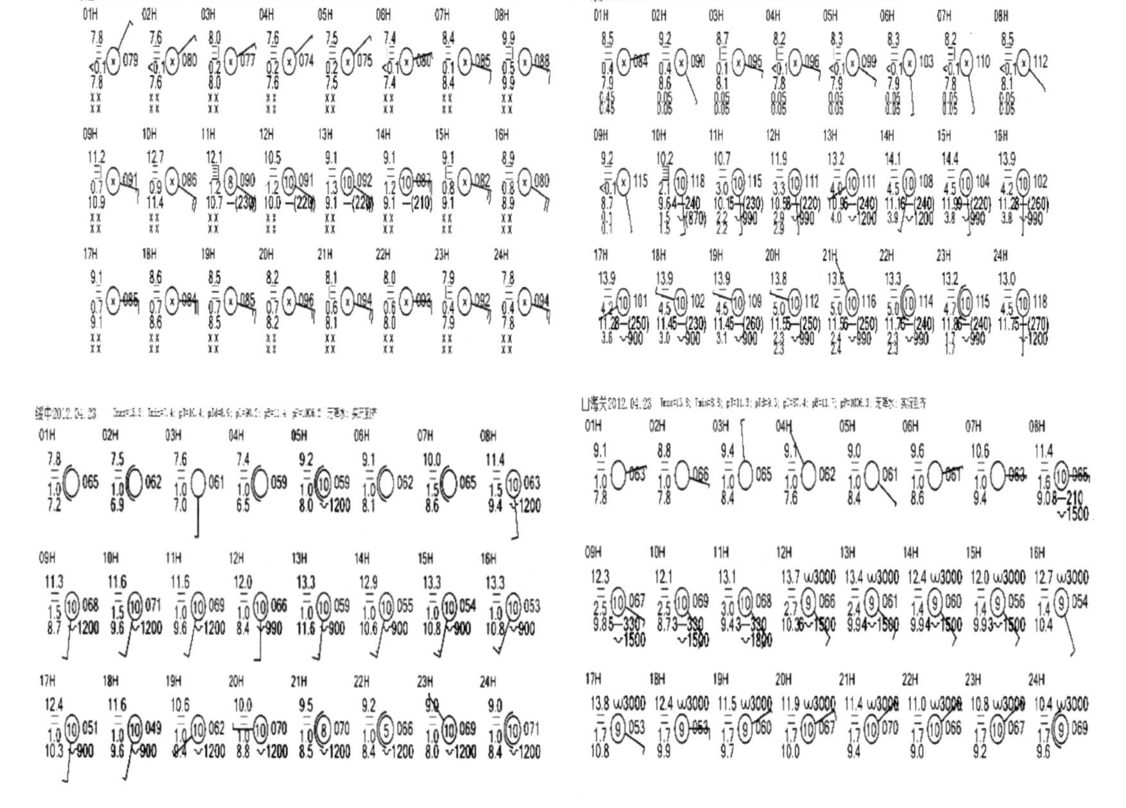

图 6.1　2012 年 4 月 23 日天气实况

微风、湿度大、层结稳定状态(图 6.2、6.3)。

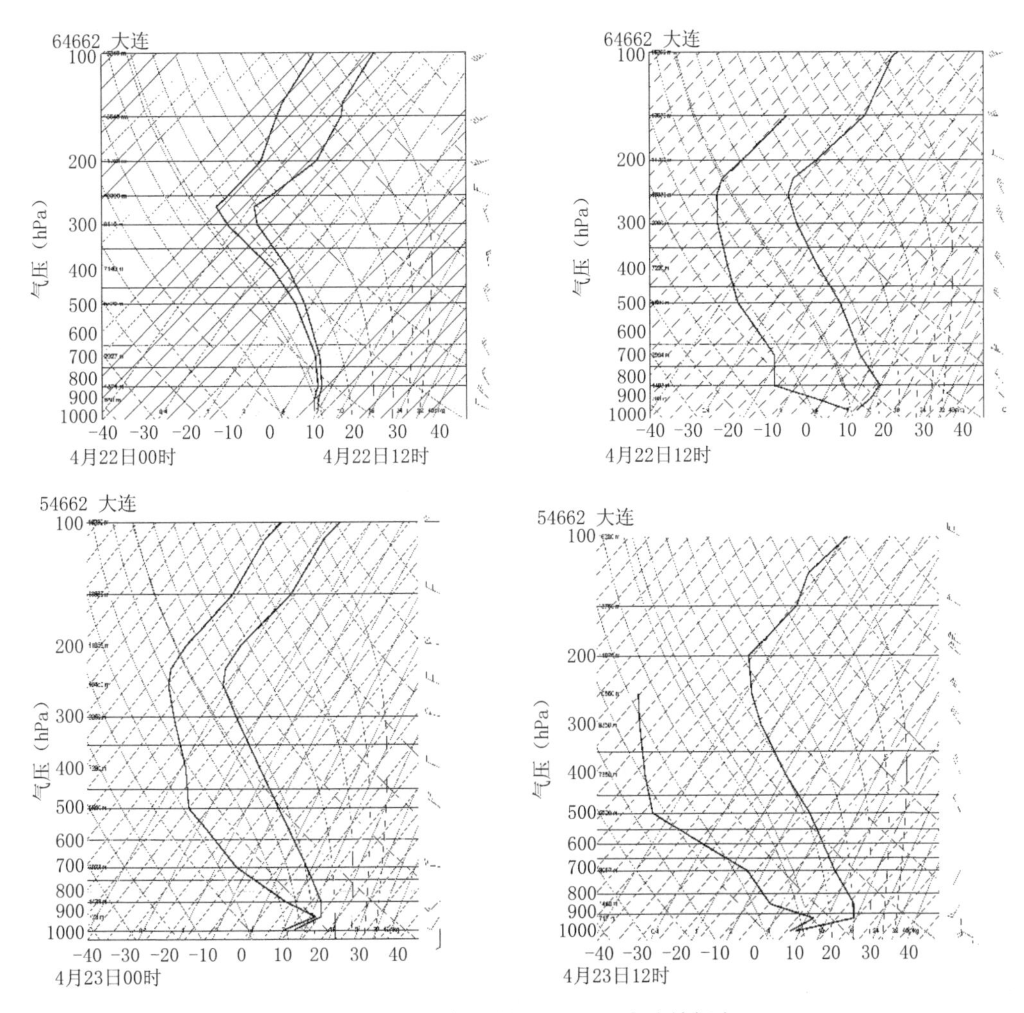

图 6.2　2012 年 4 月 22—23 日大连站探空

(3)消散阶段

随着日出后气温升高,风速增大,扰动增强,海雾抬升为低碎云。陆地上大雾很快消散,能见度转好。23 日 10—11 时后,辽东半岛沿岸(新金、丹东)海雾抬升为低碎云(图 6.1);渤海西岸的绥中、山海关 23 日 08 时后海雾抬升为低碎云(图 6.1)。因此,海雾消散过程与近海面风速的增加、气温的升高、以及层云的出现有对应关系。

在 4 月 23 日 01—08 时卫星云图中(图略),海上及海岸线附近海雾的发展演变过程显示得更加清晰直观。在 23 日 8 时 43 分的卫星云图上(图 6.4)可以看出渤海、黄海北部有成片海雾,并有海雾穿越海岸线,进入到内陆地区,与上述地区天气实况的变化相一致。

有研究认为渤海海雾只出现在辽东半岛和山东半岛沿海水域,而渤海西岸从莱州湾以北直到秦皇岛的广大海区都不大出现海雾(王彬华,1983)。上述分析表明,只要有适宜的气象和水文条件,渤海西岸可以出现海雾,这与曲平等(2014)研究结论相同。此外,从雾的生消演变特征来看,大雾期间,黄渤海周边地区保持微风、湿度大、层结稳定状态,随着日出后

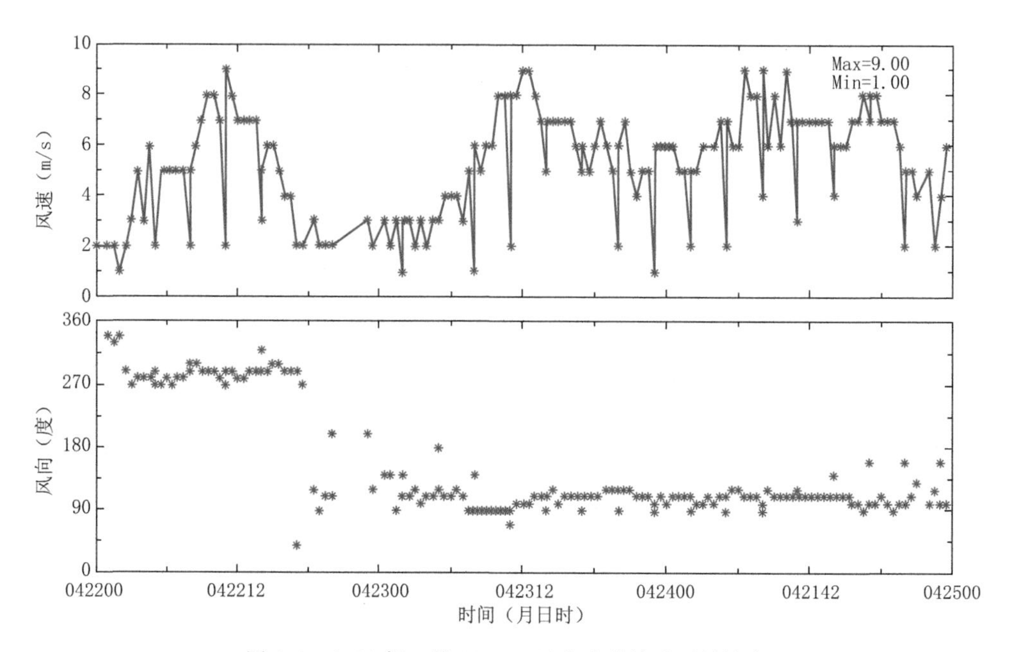

图 6.3　2012 年 4 月 22—25 日大连单站地面风演变

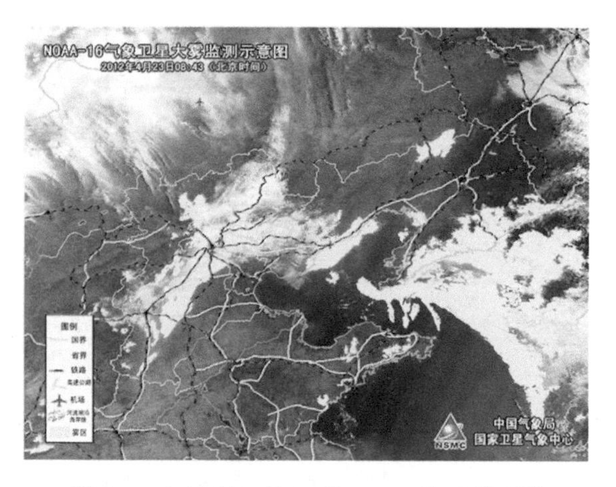

图 6.4　2012 年 4 月 23 日 08:43 的卫星云图

气温升高，风速增大，扰动增强，海雾抬升为低碎云，陆地上大雾消散，能见度转好。

6.1.3　天气形势分析

海雾的生成需要一定的水文气象条件，水文气象条件常常在一定的大气环流背景下形成，因此，在不同海区和不同季节，海雾常常和一定的天气形势相联系。关于海雾出现时的天气型，王彬华(1983)在《海雾》中已经进行了综述，总结出几种利于在中国沿海海雾生成的天气形势(又称天气型)：入海变性的高压、北太平洋的高压脊和中国大陆东移的低槽或低压。近 10 年来，一些学者对当地海雾发生的天气型又作了一些研究。如华南沿海海雾出现的天气型主要有静止锋天气型、冷锋天气型、变性高压天气型、温带气旋、西南低槽天气型；浙江沿海海雾主要出现在入海变性冷高压西部、气旋和低压槽东部、副热带高压西部、静止锋或冷锋前部(张苏平等,2008);青岛沿海海雾出现的天气型主要是入海高压后部和江淮气旋前部(王厚广等,1997);烟台沿海海雾出现在低压前部、高压底部以及弱冷锋前部(徐旭然,1997);冷锋型、高压后部型和均压场型是黄海海雾的主要天气型(黄彬等,2011)。

就雾的性质而言,一般都认为黄海的雾属平流冷却雾,但实际上,水汽条件远比冷却条件重要得多。这也正是海雾发生在特定的天气系统背景下的根本原因(周发绣等,1986)。雾季冷却条件总是存在的,但却不是总发生雾,其主要原因是水汽条件不具备。在高压回流、高压边缘和气旋暖区等天气系统下,最容易出现海雾,其基本的特征是具有由南向北的气流输送,将低纬度的湿空气带到黄海。只有天气条件成熟才有可能成雾,这也正是海雾发生具有系统性,间歇性的原因,即海雾伴随天气系统而生,随系统完结而消失。由此可见,海雾出现时的天气形势对海雾的分析预报具有实用价值。为此,重点研究对海雾形成最具影响力的天气形势与气象水文条件,包括大气环流、水汽输送、海表温度、大气层结等条件以及各条件之间的相互关系,以期有效地把握海雾形成的宏观条件,为海雾短期预测提供依据。

(1)地面天气形势

众多研究指出入海高压后部型是黄渤海海雾的重要天气形势(曲平等,2014;黄彬等,2011;王厚广等,1997)。图 6.5 分别是 2012 年 4 月 22 日 08 时—23 日 11 时地面天气形势。从地面天气系统演变过程看,22 日,海雾生成前,地面受冷锋后入海高压北部和朝鲜至日本海低压系统的共同影响,渤海和黄海北部盛行偏北气流,随着低压系统向东北方向移动和入海高压北抬。在海雾发生前 10 h,黄海、渤海位于较强的入海高压后部和明显的中国东部大陆低压前部,在其控制下,低层气流以来自南部的偏南风为主,带来黄渤海海雾形成所需要的暖湿空气,并保证暖湿气流源源不断地输送到较冷的海面,为海雾形成提供了十分有利的大气环流条件(王厚广等,1997;张红岩等,2005)。

从众多研究结果可知,尽管天气型不同,但是各种天气型对海雾形成的作用是相似的,在其控制下,低层气流都是以来自南部的暖平流为主,带来海雾形成所需要的暖湿空气;海表温度低于其上的气温,这造成海气间界面间平流冷却。

(2)空中天气形势

海雾生成前,中低空(925—700 hPa)均处于入海高压后部和空中槽前部,随着槽线靠近和入海高压东移,中国中东部地区风向发生逆时针旋转,黄海和渤海区域也由西北气流(22 日 08 时),转偏西气流(22 日 12 时后),再转西南气流(22 日 18 时后),并且这种风向的转换是由低层开始逐渐向高层传导(高层风向转向时间滞后于低层约 4 小时)。至 23 日 08 时,已转为南风,且风速加大(925 hPa 达到 10～12 m/s)(图 6.6),此后海雾抬升为低碎云,能见度好转。500 hPa 图上,我国北方地区为两槽一脊型,东部海区处于东亚大槽后部。随着东亚大槽的东移和西部低槽的靠近,我国中东部地区空中已由槽后脊前明显的偏西北冷平流控制,转为西来槽前偏西的暖平流影响。上述空中形势的变化为黄海和渤海海区提供了有利的暖湿平流输送。分析 850 hPa 相对湿度显示,23 日 00—08 时是海上相对湿度较高的时段(03、05 时图)。计算 850 hPa 比湿平流表明,22 日 10 时开始,随着西南风向北扩展,西南方向的暖湿平流也同时向北推进,至 17 时进入渤海,在向北输送过程中,湿平流范围扩大至黄、渤海海域,显然湿平流的输送为海雾的生成提供了良好的水汽条件。

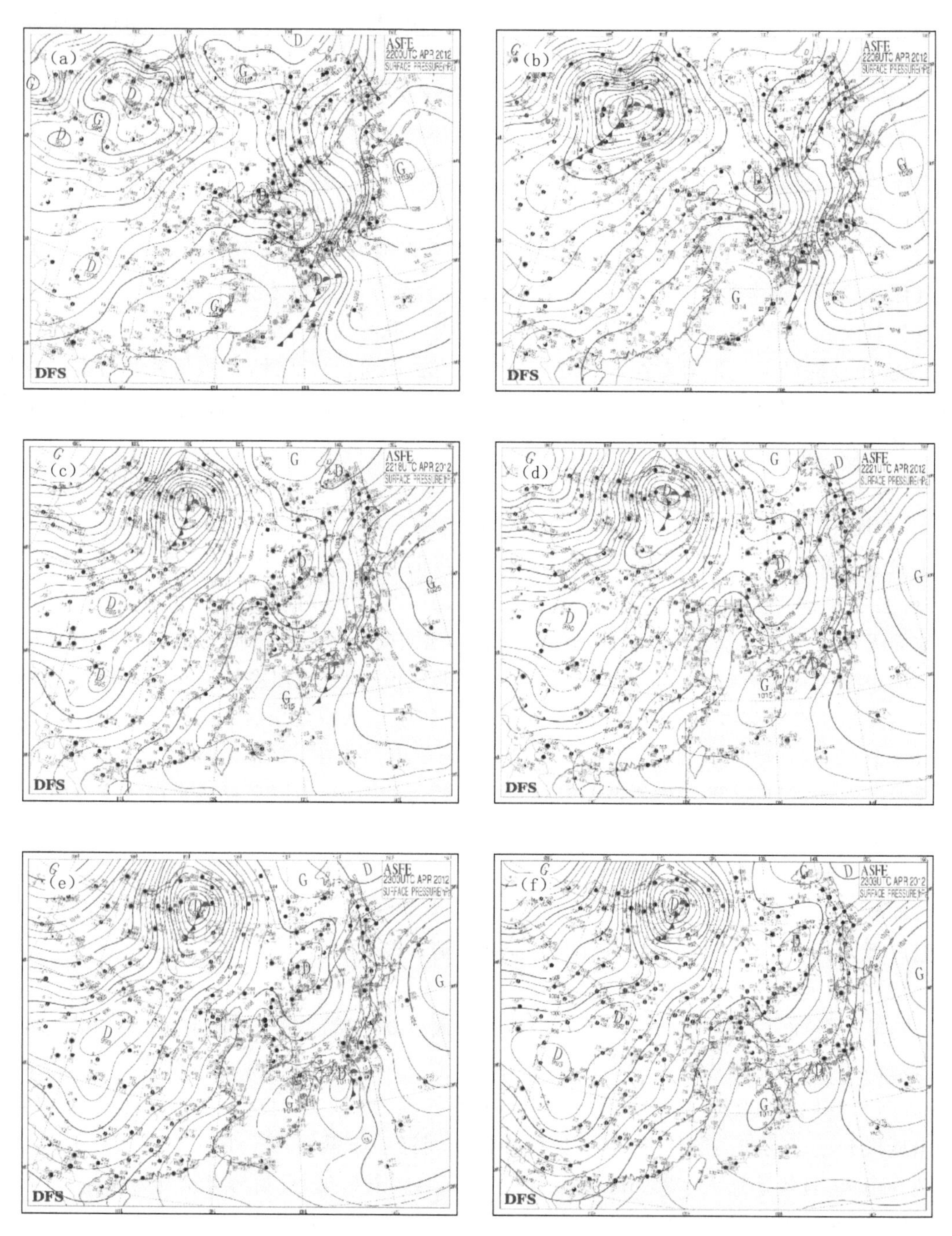

图 6.5　2012 年 4 月 22 日 08 时—23 日 11 时地面天气形势

(3)地面风向风速

适宜的风向和风速将暖湿气流向冷水面输送是海雾产生的重要条件。适宜的风向可提供有利于海雾生成所需的水汽、海—气温度差。海雾的生成对风速也有一定的要求,风速过小,不利于暖湿空气输送,风速过大,海面动量交换大大增加,混合层增厚,不利于水汽在海面的聚集。海雾与风向的关系主要是由海岸线走向和天气型决定,海雾出现时的具体风向

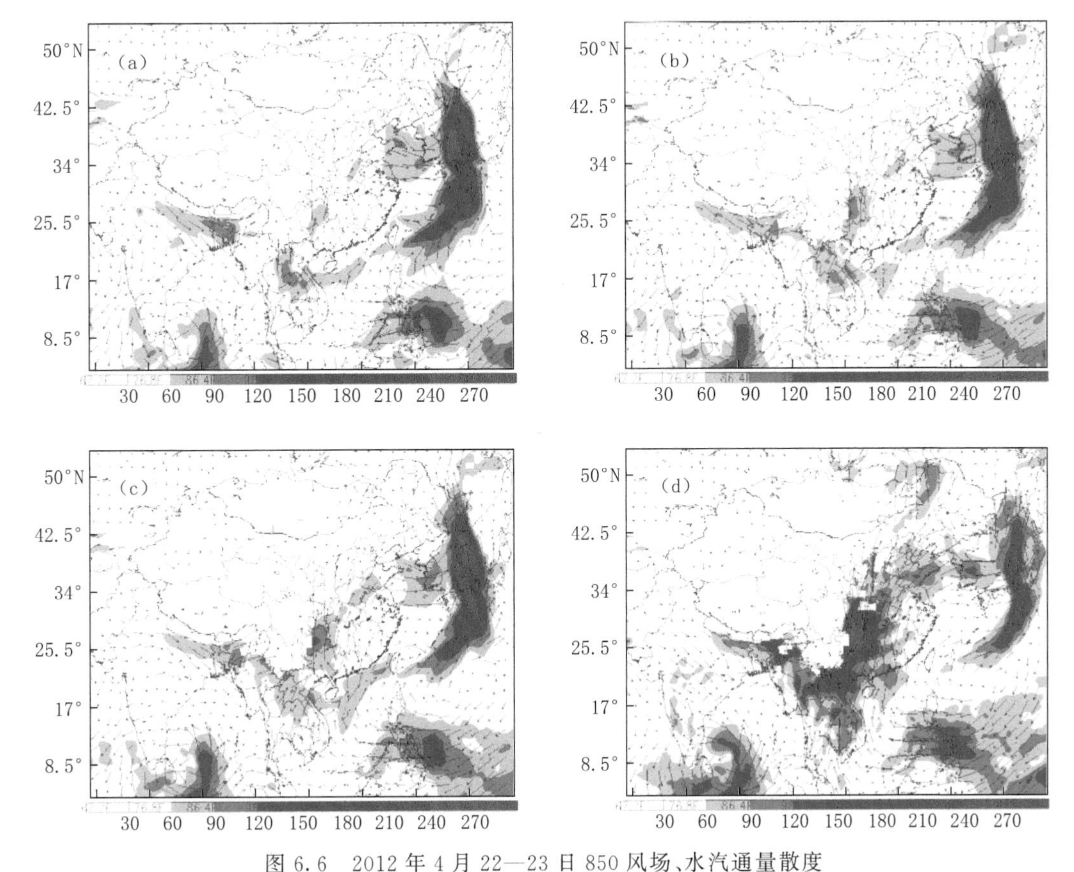

图6.6 2012年4月22—23日850风场、水汽通量散度

(a)2012年4月22日8时;(b)2012年4月22日20时;(c)2012年4月23日2时;(d)2012年4月23日8时

风速,因不同海区和地形而有差异。如青岛为S—SE风,风速3～10 m/s(王厚广等,1997)。大连出海雾时风向多为偏南风(SSE—S—SSW),风速<8 m/s(梁军等,2000)。辽东湾西岸地区S、SSW、SW风是本地海雾形成和维持的主导风向,这一地区海雾初生时的平均风速为6.2 m/s,3～10 m/s的风速最有利于海雾的形成(王玉国等,2013)。渤海湾形成冷平流雾中,偏东风占66.1%,偏西风占3.9%,风力以2～3级为主,4～5级其次(曲平等,2014)。

从风向变化分析看,大连站探空资料表明(图6.2),近地面层风场随时间演变呈现出西北风减小,南风增大且层次增厚的现象。同样大连单站地面风的演变也表明海雾形成前地面呈现出北风减速和南风增强的转向增速过程(图6.3)。这与地面天气形势的变化相对应,天气形势的变化是导致北转南风的原因。

仔细分析发现,随着南风增强北抬,偏南气流向北输送过程中受到山东半岛阻挡,使得海上的偏南气流产生一定的绕流,造成23日02时渤海西北部至渤海海峡有风场弱的切变(图6.5),05时切变有所增强,08时后逐渐减弱消失。弱切变的南侧为S—SE风,北侧为SE—E—NE风。由于风向的转变会引起气团来源的变化,因此,与风的转向增速过程以及弱切变线相伴随的是相对湿度的逐渐增加(图6.7),23日02时之后,近12个小时相对湿度维持在较高值(>93%),并在23日02—08时达相对最高值(海雾鼎盛时段)。如图6.5所见,此次海雾生成、发展过程中,入海高压加强北抬,致使黄渤海海域出现北转南风,同时,在变性高压后部中国东部地区还有低压配合,这更加剧了偏南气流的水汽北输

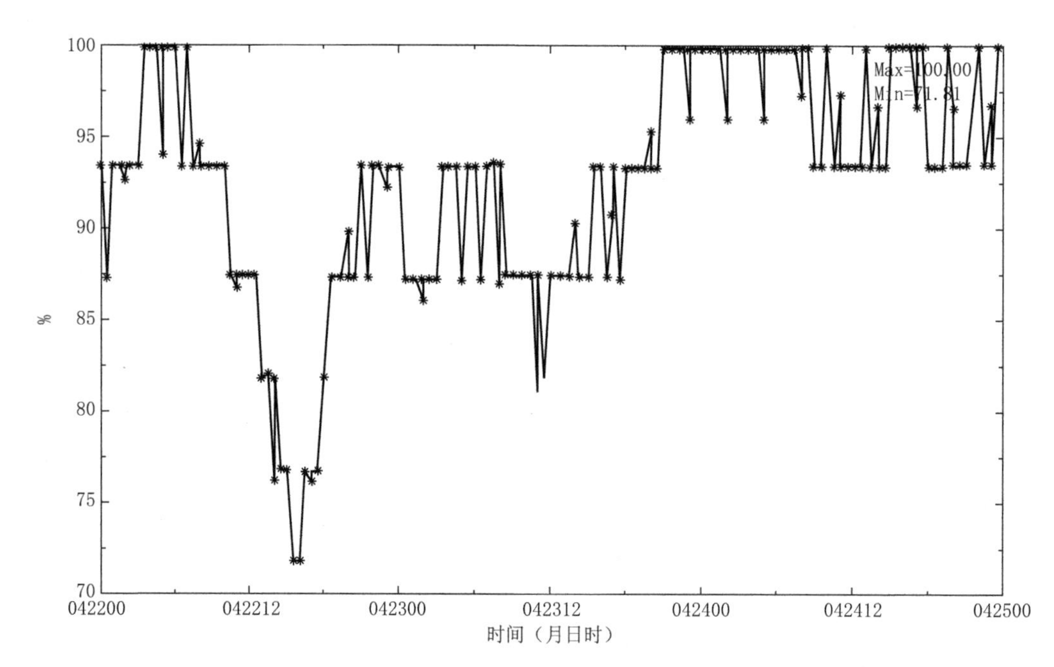

图 6.7 2012 年 4 月 22—25 日大连相对湿度时间演变

过程。这进一步说明，海雾生成、发展所必需的有利环流背景条件是与大尺度天气系统的演变紧密相关。

图 6.3 是大连单站地面风演变，以此为例，说明风速与海雾的对应关系。由图可见，海雾生成阶段风速在 5～8 m/s，发展阶段风速在 2～3 m/s，当风速开始增大时（最大 9～10 m/s），海雾开始消散，这与梁军等（2000）研究结果一致。

6.1.4 海洋水文气象条件分析

海雾，是近海平面发生的现象，并以平流冷却雾为主，其产生条件是暖湿空气流到冷海面上形成的，因此它的生成与消散必然与水汽输送、大气层结、海气温度差、大气湍流等条件有关。

（1）水汽条件

对于中国的海雾从 1948 年至今已有了很多研究（王彬华，1948；曹钢锋等，1988；徐燕峰等，2002；徐旭然，1997；梁军等，2000；张苏平等 2007），从大气环流、天气形势、海面风、大气层结稳定性、海表温度、水汽输送等多方面讨论了海雾形成的条件。在各种因素中，无疑水汽输送是海雾形成的物质基础。

一些研究表明海表相对湿度以及低层大气相对湿度达到 90％以上，最有利于黄海和渤海出现平流雾的大气物理条件（宋晓姜等，2011；王玉国，2013 等，曲平，2014）。分析大连站相对湿度时空演变表明，相对湿度有明显的阶段性波动特征（图 6.7）。海雾生成前整层为低湿度区，而海雾出现和维持时段湿度显著增加，近地面层（1 km 以下）相对湿度＞95％，消散阶段相对湿度＞95％的厚度降低，降低至 80％附近。这与众多研究结论相一致。由前一节分析可知，北风减速和南风增强的风的转向增速过程是相对湿度增加的关键因素。

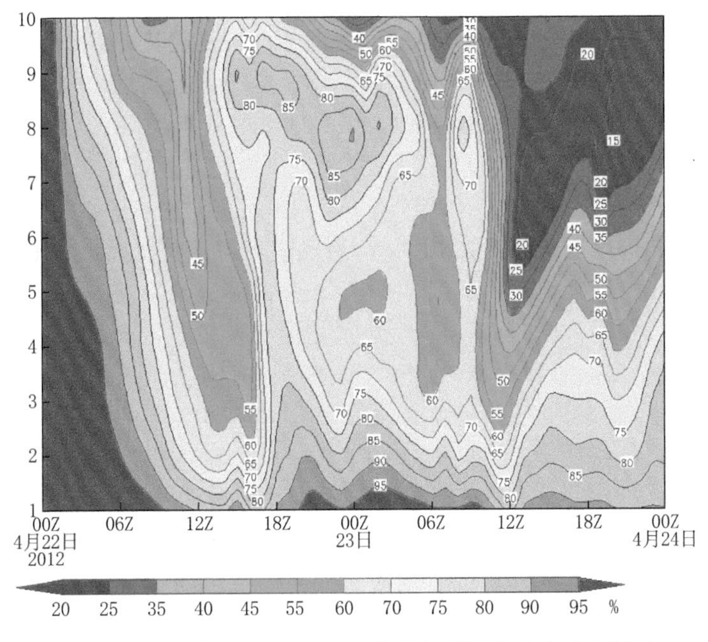

图 6.8　2012 年 4 月 22—24 日大连相对湿度垂直时空剖面

(2)大气层结结构

海雾是发生在大气边界层中的天气现象,低层逆温层结可以阻挡水汽向高层输送,抑制低层大气的对流发展,使水汽和凝结核聚积在低空,因此,稳定的大气层结是海雾生成、发展和维持的重要条件。

图 6.2 是 4 月 22—23 日大连探空,分析表明 22 日 08 时至 23 日 08 时,近地面层由近于等温层演变成较明显的逆温和暖干层结构,大气稳定度不断增强。同时段,近地面层经历了前期(22 日 08 时至 22 日 20 时)北风控制、变干和后期(22 日 20 时至 23 日 08 时)北转南风、湿度增加的过程,并且垂直方向上表现为上干下湿,上暖下冷结构,即逆温层上露点和相对湿度急剧下降,形成明显的“干暖盖”,阻碍了空气的垂直运动,使水汽聚积在边界层内。925 hPa 的温度高出海面气温近 7℃。这种高空暖干层与近海面冷湿层的存在,使得水汽得不到向上输送,集聚于底层,在近海面低空形成“水汽压抑层”,为海雾形成和发展提供了良好的温湿层结条件(王玉国,2013)。

(3)大气湍流条件

湍流输送是指最底层空气因与海面接触而冷却,并通过湍流和风切变,冷却效应上传的现象。平流冷却雾是海面上空气通过接触到冷的海面而使海—气界面的空气冷却,近海面的空气在湍流垂直输送的作用下达到饱和而形成的(Byers,1930)。海雾形成过程中的冷却作用,不单纯依靠空气与水面的接触冷却,湍流交换是十分重要的,适当的湍流作用才能形成几百米厚的雾。因而,湍流交换是影响海雾的关键物理过程,在海雾的热量和水汽平衡过程中起重要作用。周树华等(2009)研究指出,由风切变产生的湍流混合过程是海洋边界层降温、增湿的主要机制,Gao 等(2007)用 MM5 中尺度模式对一次真实的海雾个例进行了数值研究。结果同样表明,由风切变造成的湍流混合是降温增湿的主要原因,同时还表明模拟结果对初值场非常敏感。由此可见,海雾生成过程是非常复杂的,用不同的模式、对不同的个例、初值场精度等，都可导致结果不一致。但有一点是肯定的，即湍流混合和长波辐射是海雾形成中的两个重要过程。在海雾形成期，湍流动能呈加强趋势，表明湍流混合冷却对海雾形成有重要贡献。当雾形成后，雾内湍流的动量和热力通量随高度增强，造成雾内热量和动量的损失，有效地维持了雾内的冷却率和较小的下垫面风速，有助于雾的稳定和发展。此外，湍流是雾滴碰并增长不可缺少的条件，对雾滴谱的增宽有重要影响。黄健等(2010)研究指出，风向及风速是影响海雾的重要原因，风切变湍流可通过海雾在垂直方向的热量输送对近海面空气的温度和湿度变化产生影响，并认为风速可以间接地反映风切变湍流强弱。张红岩等(2005)认为风速过大，会使空气层中产生较强的湍流交换，促使上下层空气的热量交换，不利于雾的形成；风速太弱，上下层空气中的湍流交换较弱，同时也不能大量输送暖湿空气到达研究海域海面，即使有雾生成，也不会维持较长时间。从风向、风速的最佳成雾条件可以看出，海雾不同于辐射雾的基本特征。另外，一些研究表明(Rodhe，1962；Noonkeste，1979)雾生成的初期平流作用很重要，中后期辐射效应相对重要，而湍流效应取决于风的垂向结构，暖湿空气从高湿区向低湿区输送，平流效应对海雾的形成起了重要作用，而海雾生成时风速往往较大，湍流效应对凝结是正贡献，且有利雾在离海面一定高度上首先形成。风的垂直切变是边界层中湍流动能的主要制造者。径向风场的垂直分布，一方面可以反映大尺度的湍流背景的特征，同时也反映了大气环流的特征。

图 6.9 是大连站风 U、V 分量的时间-空间剖面图。由此可知，整层 U、V 分量的时间变化体现出显著的中尺度风速脉动特征。在海雾形成期(22 日 20 时前后至 22 日 24 时)，湍流动能呈加强趋势，当雾形成后(23 日 01 时)，雾内湍流的动量随高度增强。根据 Gao 等数值模拟研究(Gao 等，2007)在海雾形成期，湍流动能呈加强趋势，表明湍流混合冷却对海雾形成有重要贡献。当雾形成后，雾内湍流的动量和热力通量随高度增强，造成雾内热量和动量的损失，有效维持了雾内的冷却率和较小的下垫面风速，有助于雾的稳定和发展。

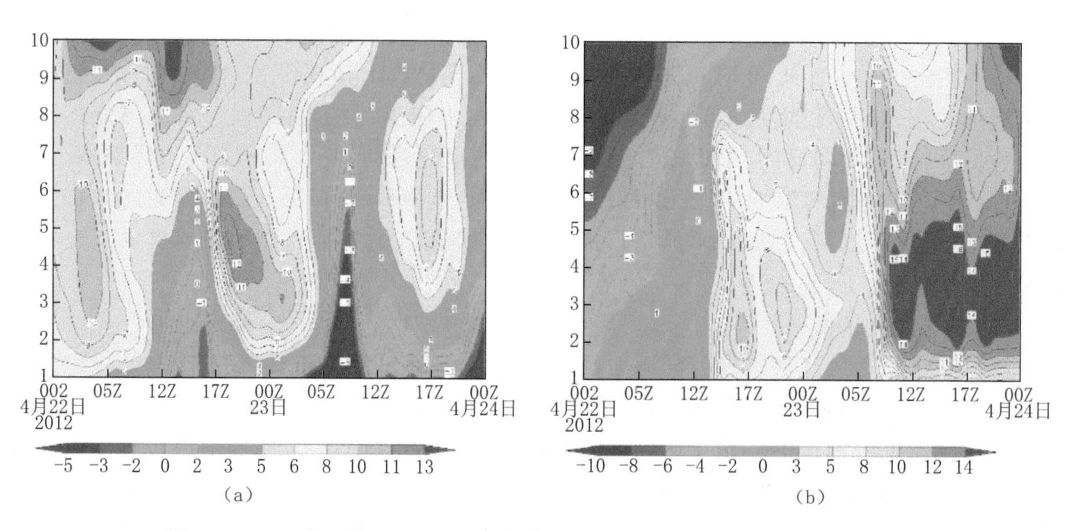

图 6.9 2012 年 4 月 22—24 日大连站风 U(a)、V(b)分量时间-空间剖面图

进一步分析辽东半岛南部大连上空理查森数时间变化(图 6.10)发现，在海雾生成初期，22 日 16 时至 18 时，理查森数经历了转折性变化(图 6.10a、b)，低层湍流明显增强，之后至 22 日 24 时始终保持增强趋势(图 6.10c、d、)。在雾生成后(图 6.10e)，雾内湍流的动量随高

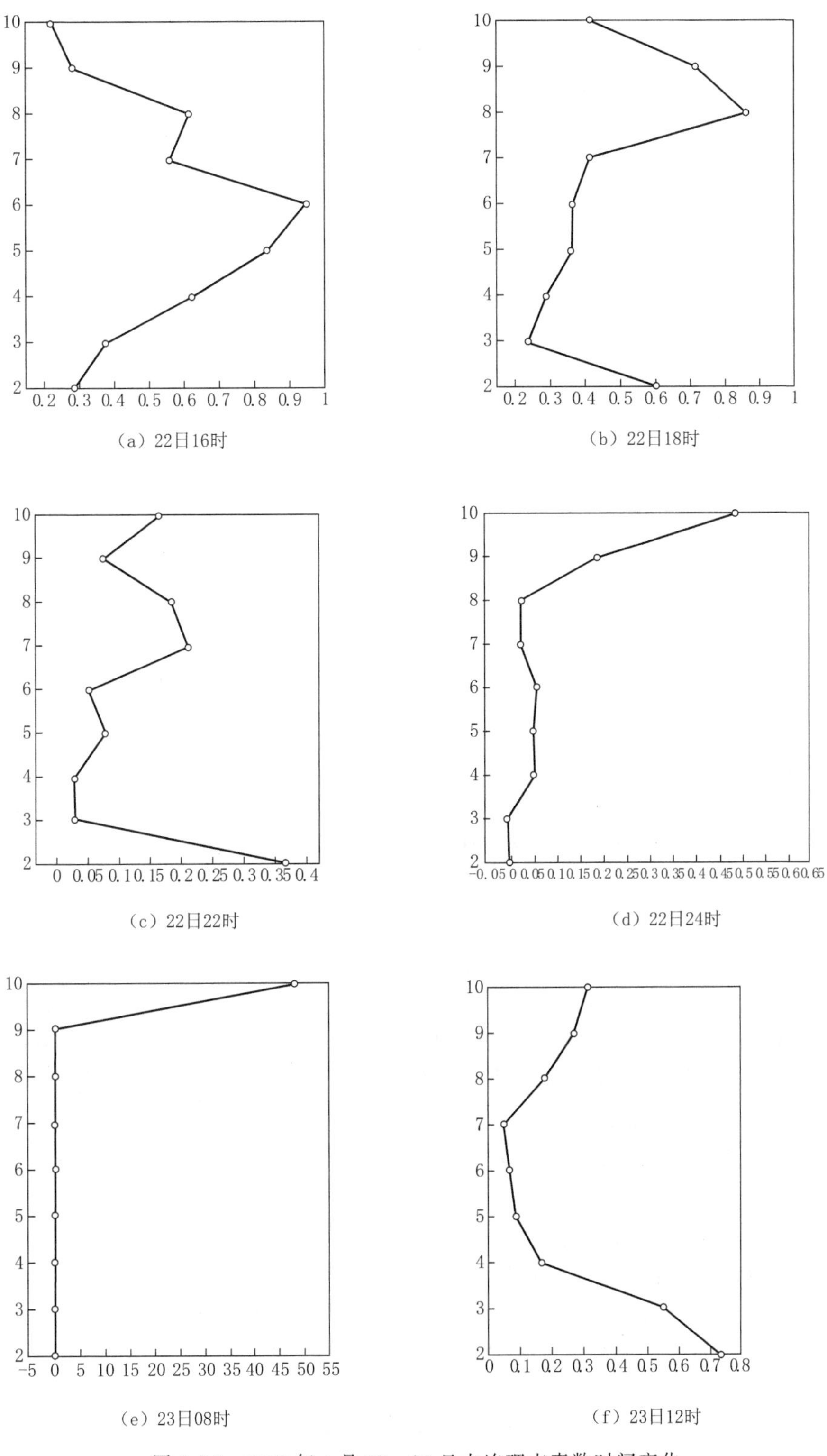

（a）22日16时　（b）22日18时

（c）22日22时　（d）22日24时

（e）23日08时　（f）23日12时

图 6.10　2012 年 4 月 22—23 日大连理查森数时间变化

度增强，湍流混合向上发展。这与分析大连站风 U、V 分量的时间-空间剖面图(图 6.9)所得结果是一致的。由于风速加大，边界层中理查森数显著增大(达到 0.7)，气温继续升高，地面相对湿度明显下降，湿层离开地面，抬升到 200 m 高度上，地面观测为低云(图 6.1)而后理查森数的高度迅速增高，说明湍流发展的高度增大。这表明，由于风速加大，垂直风切变产生的湍流使雾向上发展，机械剪切的加强对湍流的加强和海雾抬升有决定性作用，湍流增强破坏近海面逆温层，随着湍流层向上发展，高湿层也向上发展，伴随着低云量迅速增加和能见度的好转，雾抬升为低云。

6.1.5　数值模拟

利用观测资料和数值模式对海雾进行模拟研究是海雾研究的重要内容。大量的数值模式研究进一步再现了平流雾的发生发展过程，揭示了其物理机制。Korican 等(2005)研究指出海雾是逆温层、辐射冷却和湍流共同作用的结果，其中边界层大气中垂直运动是控制逆温发展变化的主要因子，而海雾的消散是平流、天气过程和局地环流共同作用的结果。也有研究表明，湍流对海雾的消散起到重要的作用(Jame et al.，1993)。胡瑞金等(1998)的数值模式研究指出，平流和辐射的作用在海雾初生阶段比维持阶段更重要。关于海温的作用，一些研究指出海温主要影响海雾的生成过程，当海雾生成后，它的作用就逐步减小，但也有研究表明，较高海温利于雾的消散(Jame et al.，1993)。相对湿度大小及其分布是海雾能否生成的物理基础；风速大不利于海雾生成，但海雾一旦生成则有利于其发展。我国东部沿海的海雾多发生在偏南风暖湿气流比较活跃的时候，因此海面是否存在偏南风和暖平流等因素已成为预报员制作海雾预报时着重考虑的方面，相关的数值模拟研究也主要针对暖湿气流的平流雾(傅刚等，2002；Gao et al.，2007)。

只有在成功模拟的基础上，才能用模式对海雾进行机制研究并最终实现海雾数值预报。本文将在数值模拟与实况对比较一致的基础上，进一步分析研究海雾形成的水文气象条件。

1. 控制试验

图 6.11-图 6.13 是模式输出的不同阶段的云水混合比与气温。从图中可见，渤海东北部海域 22 日傍晚前后有“海雾”(云水混合比大于 0.6 g/kg 的浓雾区，云水 0.2～0.5 g/kg 的薄海雾区。下同)初生，随后强度增强并随南风加大向东北方扩展，20 时后影响新金、金县等地，23 日 00 时后随着海上南风的进一步增强，“海雾”向北明显移动，先后影响大连、丹东等地，23 日 08 时强度达到最强，之后开始消散抬升为低云。对比分析天气实况和卫星云图表明，控制试验数值模拟结果与实况表现高度一致(图 6.1，图 6.4)，说明模式可以比较好地反映出此次海雾的发生、维持和消散过程。

2. 模拟结果

(1)气温

经典的海雾形成理论认为，海雾多为平流雾，即它是由暖湿空气移动至冷的海面上时形成的(王彬华，1983；孙安健等，1985)。观测事实表明，平流雾大都出现在冷海面水域上空，尤其在沿着气流方向海水表面温度迅速降低的水域，即冷暖气流交汇区的冷水面上或水平温度梯度较大的海陆交界地区，移经其上的暖湿气流容易变性冷却形成雾(孙连强等，2006；Cho，et al.，2000；Koracev et al.，2001)。大量的数值模拟试验进一步再现了该类雾的发生发展过程和物理机制(高山红等，2001a；傅刚等，2004 周树华等，2009；张苏平等，2010；赵定池等，2014；)。必须指出，黄海海雾多属平流冷却雾(王彬华，1983；相士堂，1985；常瑞媛，

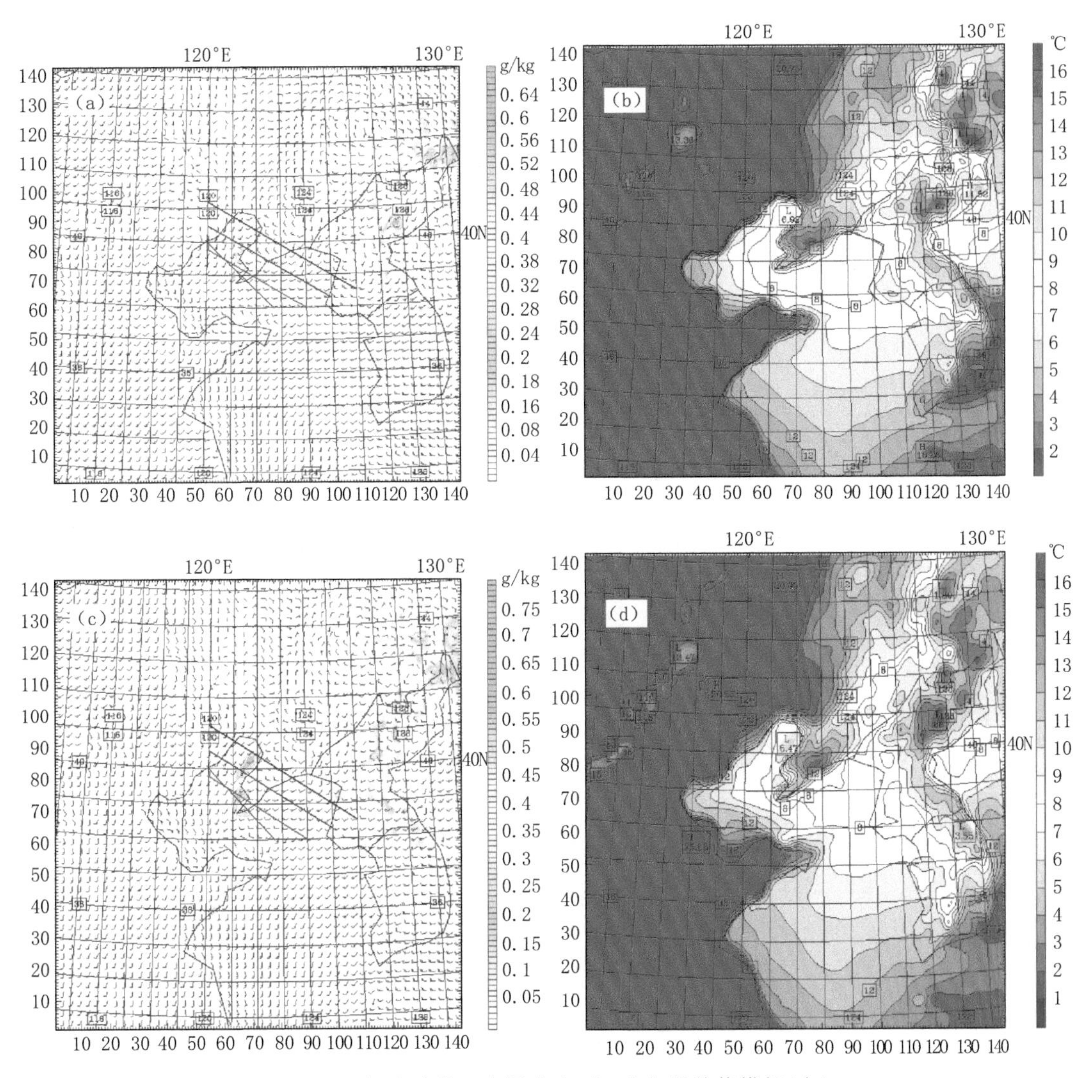

图6.11 初生阶段云水混合比(左)和气温数值模拟(右)

(a)、(b)2012年4月22日16时,(c)、(d)2012年4月22日19时

1985;黄彬,2009),春季尤甚。在针对渤海海雾的相关研究中,有人指出(曲平等,2014),渤海海雾中39.4%是平流冷却雾,59.2%的海雾出现在较暖海面上,属于蒸发雾。渤海湾雾与黄海雾的差异可能与渤海湾的水文特征有关。

从物理过程看,海雾的生成包括两种过程:一是增湿,二是降温。增湿主要由来自海面的蒸发和平流输送贡献,降温主要由平流冷却和辐射冷却造成。本次海雾为平流冷却雾。从大范围的风场、云水混合比和海表面气温数值模拟情况看海雾的形成是在海上偏南风作用下,来自暖海面的暖湿空气,源源不断地吹向沿岸冷海面,在水平温度梯度较大的海陆交界地区,移经其上的暖湿气流平流冷却所致。

对于此次海雾过程,对照图中同时次云水混合比和气温分布发现,海雾的初生阶段(图6.11)、增强阶段(图6.12)以及消散阶段(图6.13),云水混合比高值区域(海雾区)与气温低温区所在位置、形状都有很好的一致性,近乎于重叠。从另一角度分析,在海陆地交界区存

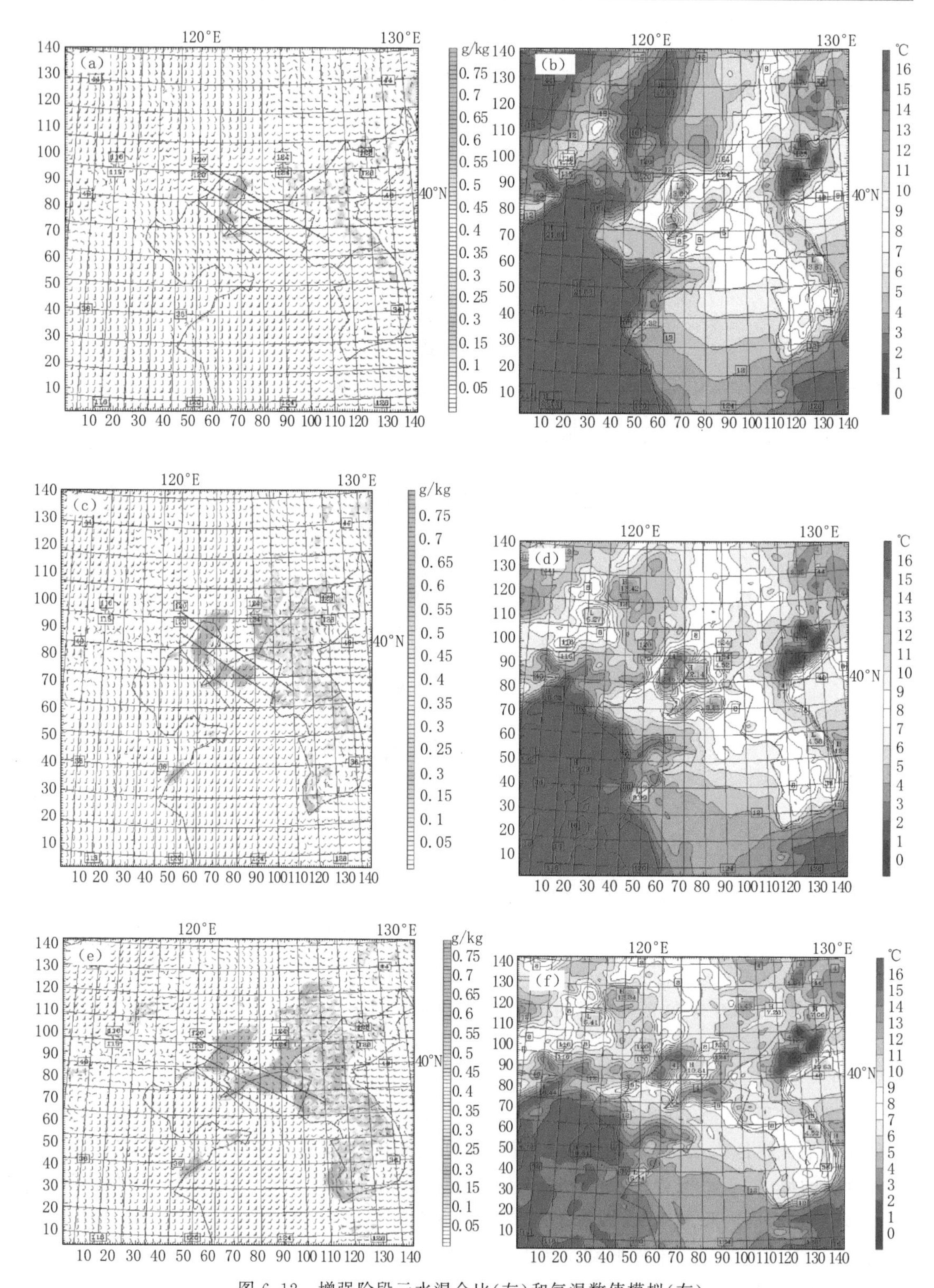

图 6.12　增强阶段云水混合比(左)和气温数值模拟(右)

(a)、(b)2012 年 4 月 22 日 22 时;(c)、(d)2012 年 4 月 23 日 03 时;(e)、(f)2012 年 4 月 23 日 06 时

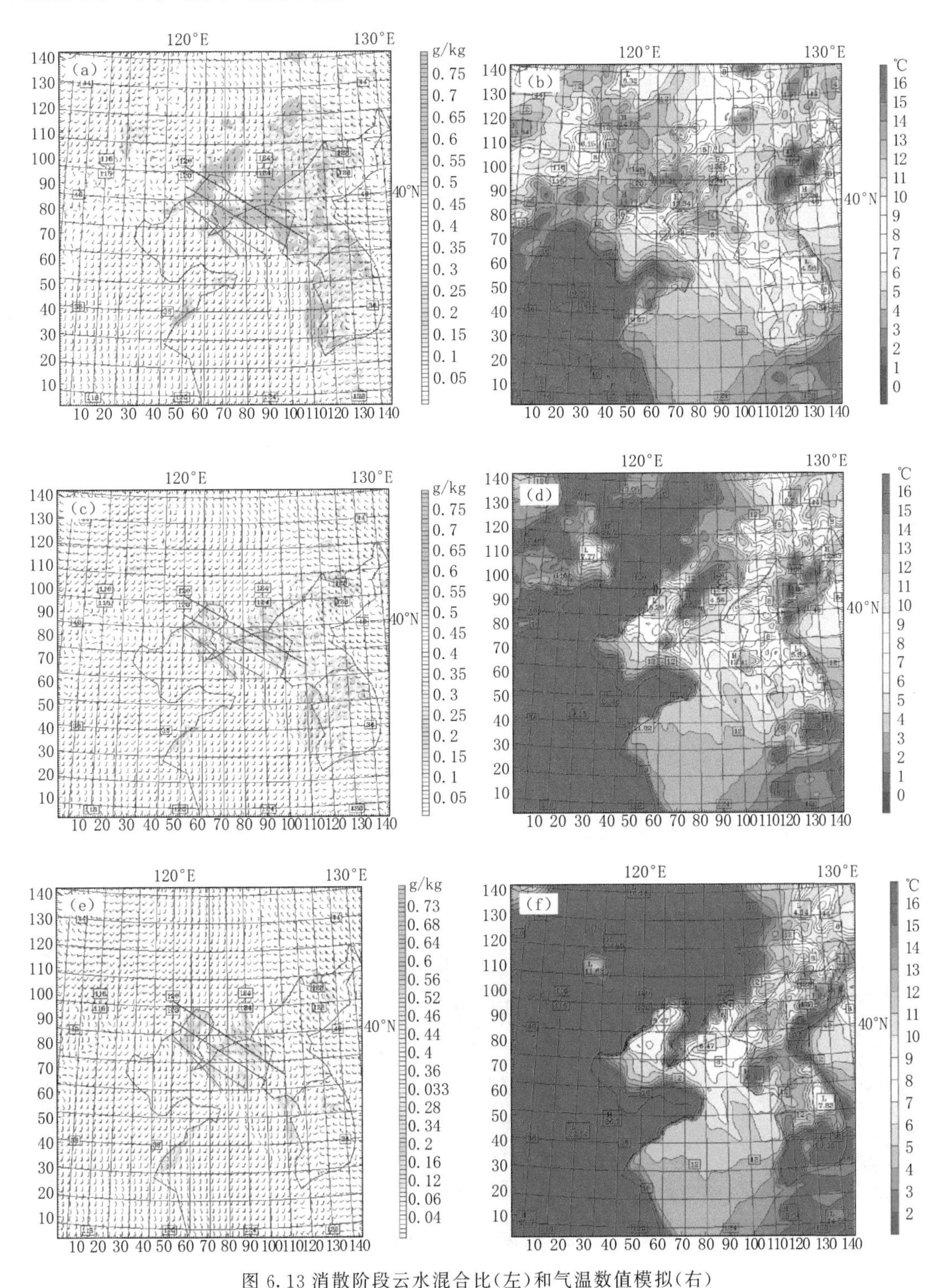

图 6.13 消散阶段云水混合比(左)和气温数值模拟(右)

(a)、(b)2012 年 4 月 23 日 08 时;(c)、(d)2012 年 4 月 23 日 10 时;(e)、(f)2012 年 4 月 23 日 12 时

在明显的温度梯度,即有海表面温度锋(SSTF)存在。海雾随着海表面温度锋(SSTF)的形成、增强和减弱而初生、发展、增强和消散。不仅如此,综合分析发现,黄海、渤海沿岸不同地

区海雾生成和持续时间也与之有很好的对应关系。渤海辽东半岛西岸生成于 22 日 20 时前后，持续至 23 日早上；黄海北部生成于 23 日凌晨至早上，持续至上午 10 时左右；渤海西岸 23 日 01 时开始出现，持续至日出后 07 时。此外，海雾穿越海岸线，进入到内陆地区的位置、时间(图 6.12)，也与气温低温度区的变化相一致，即沿海气象观测站出现大雾的时间和数值模拟的云水混合比高值区和海表面低温区到达沿海的时间基本一致。由空中形势分析可知，由于气温低温度区上空为偏西南暖湿气流(图 6.6)，从而容易形成稳定层结(图 6.2)稳定的温度层结是海雾形成的重要条件。因此，这次海雾主要是受海上高压后部偏西南暖湿气流、SSTF、冷海面和适度海表面风的共同影响而导致，是典型的平流冷却雾。

(2)海气温差分析

一定的海气温差是海上形成雾的重要条件之一，若海温过高，空气露点温度低于其下的水面温度，空气难以达到饱和状态则不能凝结成雾。若气温明显高于水温，低层空气稳定，雾只能局限在贴海面层内，不能向上发展形成一定厚度的雾。因此气海温差是影响海雾形成的重要因素，较冷的海温场是海雾产生的基本条件。当暖空气流到冷的水面上，气温若降至露点温度，空气便可达到饱和，水汽发生凝结而形成雾。统计分析表明(梁军等，2000；黄彬等，2009，2011；王玉国等，2013；曲平等，2014)，我国沿海海雾多为平流雾，冷海面的存在是海雾形成的重要特征之一，有利于海雾生成的气海温差多为－0.5℃～3℃，小部分海雾生成时气海温差可超过 4℃，但气海温差太大不利于低层空气冷却饱和。由此可见，海雾的分布与气海温差的变化紧密相关。

分析表明，此次海雾的生成演变过程中，气海温差主要表现出以下特征。气温高于海温($t_2-\mathrm{SST}>0$)；暖空气向北平流，温度差由小变大，海雾生成前在 0～1℃，(图 6.14a)随着偏南暖平流向北移动，温差加大，至生成与加强时段，在 2～3℃(图 6.14b)。海雾的形成是暖空气流经冷海面形成的平流冷却雾。这种变化与天气形势的变化、风场变化、温度场变化，逆温层的变化是一致和完全对应的。这个结果与研究结论相一致(王彬华，1983；张苏平等，2008；黄彬等，2009)。

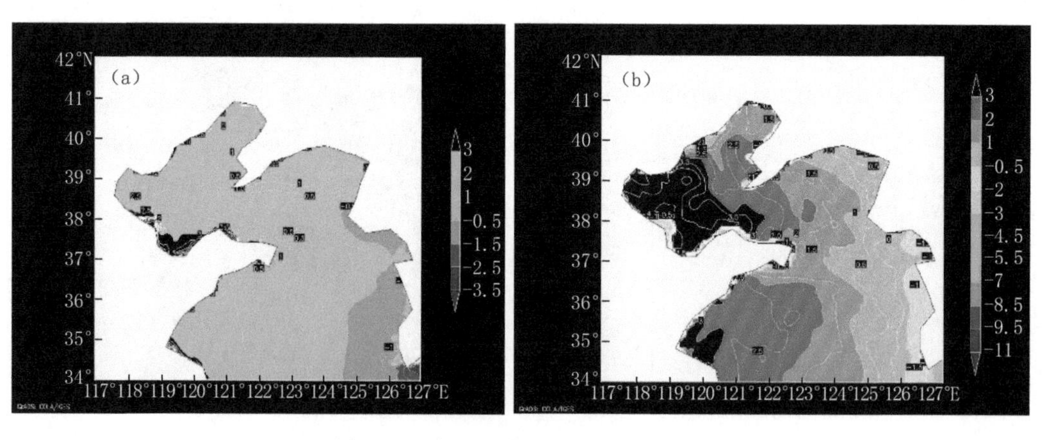

图 6.14 气温—海温(t_2—SST)(℃)

(3)相对湿度

海雾是贴海平面层空气中悬浮的大量水滴使能见度小于 1 km 的天气现象。因此，空气相对湿度的大小对雾的生成至关重要。若相对湿度太低，即使其他条件很理想，也不会出雾。

分析表明，此次海雾的生成演变过程中，海雾与水平方向上相对湿度的高值区，尤其是与高湿区梯度的变化有很好的对应关系。海雾生成前(22 日 09 时—19 时)相对湿度已达 97%，随着偏南暖湿平流向北移动，相对湿度进一步增大，至生成和加强时段(22 日 19 时—23 日 05 时)空气接近饱和，相对湿度达到 99%～100%。而且高湿度区的位置、形状与海雾的分布形态一致。同时，相对湿度的水平梯度分布与海雾的生成演变有明显的对应关系。当水平湿度梯度增大时，海雾生成和加强，而水平湿度梯度减小时，海雾消散(图 6.15)。

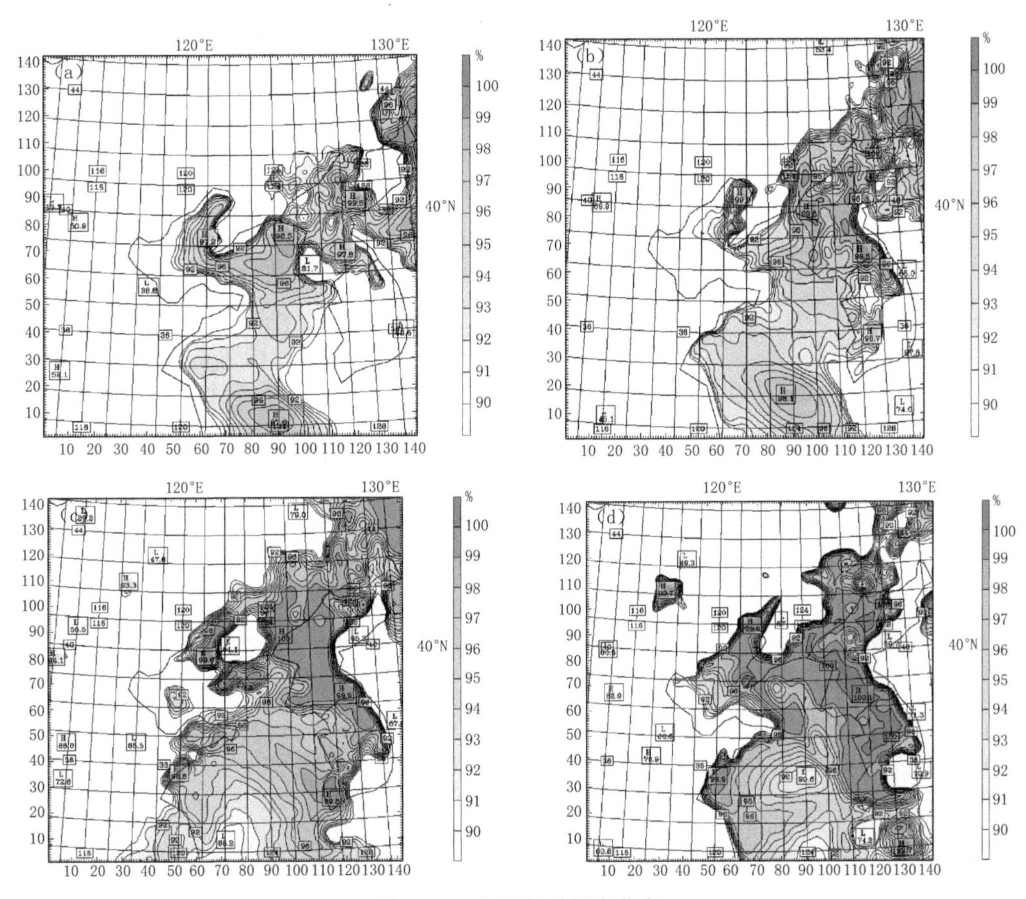

图 6.15　海区相对湿度分布

(a)2012 年 4 月 22 日 16 时；(b)2012 年 4 月 22 日 20 时；(c)2012 年 4 月 23 日 02 时；(d)2012 年 4 月 23 日 09 时

从相对湿度与位温的垂直分布图可知，海雾生成与加强阶段水汽集中在 100 m 之内，甚至 50 m 以下的稳定层内，如图 6.16、图 6.1、图 6.2 所示，日出后，随着低层温度的升高，海面风速增大，逆温层减弱消失，高相对湿度层随之抬升，水汽向上扩展，使得海雾抬升为低碎云(图 6.1)，海雾迅速消散。观测表明海雾消散与低云的出现几乎同时发生，地面能见度的迅速好转可能与雾层抬升转变为低云有关。

(4)湍流与层结稳定度

许多研究表明(张苏平等，2008；黄彬等，2011；王玉国等，2013)海雾发生时大气边界层中总伴有逆温或等温现象，稳定的大气层结是海雾发生和维持的重要条件。同时，大气边界

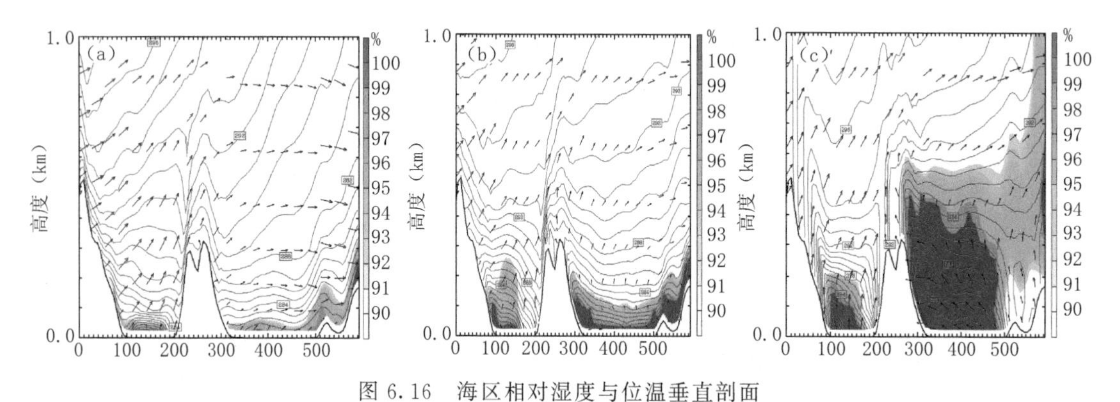

图 6.16　海区相对湿度与位温垂直剖面

(a)2012 年 4 月 23 日 03 时；(b)2012 年 4 月 23 日 08 时；(c)2012 年 4 月 23 日 12 时

层中湍流的强弱与层结稳定度有关联。因此，分析海雾过程中海洋上空大气边界层的湍流特征与层结条件，对进一步认识海雾过程非常重要。

通过对不同海区位温、风与云水混合比垂直剖面，以及气温、风与云水混合比垂直剖面分析（图 6.17）可知，海雾生成前、形成时、加强与消散时海面上空大气层结稳定度与雾的分布特征。沿格点 54.8，96.2—66.7，106.3（图 6.11a 中蓝色线）做温度和水平风的垂直剖面，分析表明，海雾生成前，海面上空温度随高度递减，大气层结为弱不稳定状态（图 6.17a）。随着低层偏北风逐渐转为偏西、偏西南风，“上冷下暖”的弱不稳定层结逐渐向“上暖下冷”的稳定层结演变（图 6.17b），之后，由于西南风不断向上和向东扩展。至海雾形成时，1000m 以下均转为西南气流影响，使“上暖下冷”的稳定结构得到加强（图 6.17c、d），由于西南风的增强，层结稳定度也随之加强（图 6.17f—h），这一时段对应海雾的加强阶段。消散阶段（图 6.17i、k），沿岸低层温度自东南向西北明显升高，沿岸逆温层趋于减弱消失，海雾抬升为低碎云。对比分析（图 6.17e—k）发现，当逆温层高度较低时，云水混合比高值区-“海雾”高度较低，当逆温层减弱抬升时，海雾也随之减弱抬升，而且，逆温层顶的高度与雾顶的高度完全吻合，进一步表明逆温层对水汽在垂直方向上具有明显的阻挡作用，利于雾的形成和发展。综合理查森数分析（图 6.10），由于风速加大，边界层中理查森数显著增大（达到 0.7），强烈的垂直混合破坏了逆温层，使得低层气温趋于均匀直至逆温层消失（图 6.17k）。随着气温继续升高，地面相对湿度明显下降，湿层离开地面，抬升到 200 m 高度上，地面观测为低云（图 6.16c，图 6.1）。因此，风切变导致湍流混合增强应该是海雾转变为低云的重要原因。

上述分析说明，偏南风携带的暖空气遇到冷海面，对海雾的生成有两方面的重要作用。

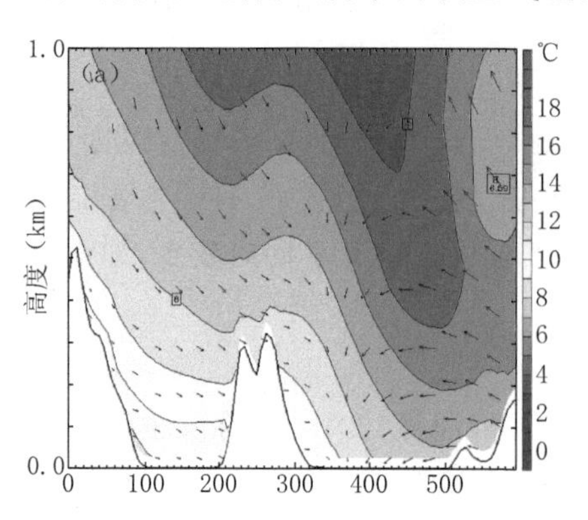

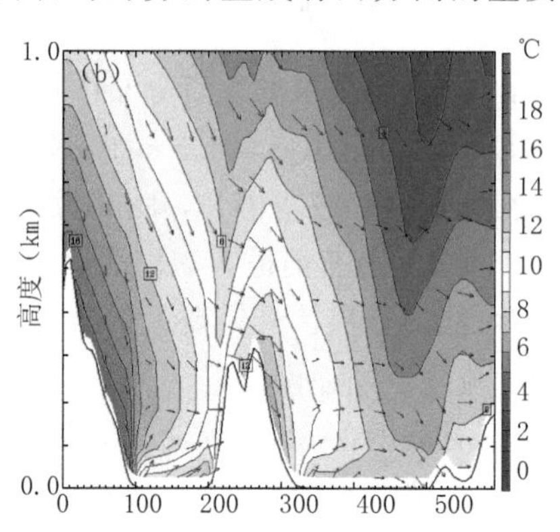

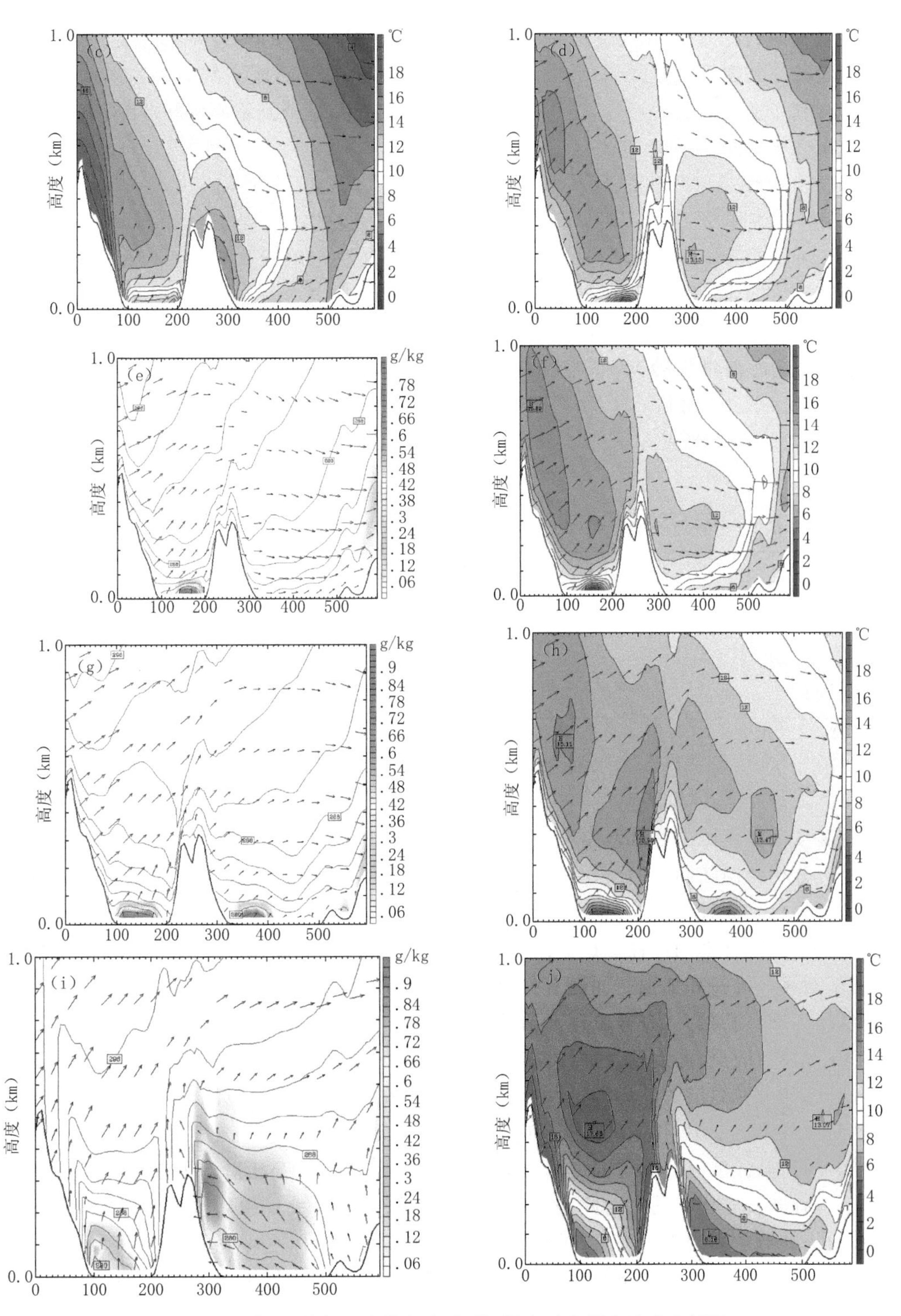

图6.17　位温、风与云水混合比，气温、风与云水混合比垂直剖面

(a)、(b)2012年4月22日09时；(c)、(d)2012年4月22日18时；(e)、(f)2012年4月23日00时；(g)、(h)2012年4月23日04时；(i)、(j)2012年4月23日12时

一是暖空气遇到冷海面，由于冷却凝结作用而形成海雾；二是由于边界层的湍流交换，使得贴近海面的空气温度明显降低，其上空气温度显著升高，因此，暖空气遇到冷海面的平流过程十分有利于逆温层结的形成，使得冷却凝结的水汽在其下得到不断的积累，有利于海雾浓度的加重和维持。

综合分析图6.17和表6.2发现，海雾形成前(22日19时前)，由于上层偏南风暖平流作用，边界层上层温度明显升高，而由于冷海面的作用，底层大气与海面因湍流发生热量交换，近海面的温度明显降低，促使底层大气层结趋于稳定并产生逆温层。它犹如一个无形的干暖盖，抑制了低层大气的对流发展，阻挡水汽向高空扩散，使得水汽聚集在低空，利于海雾的形成。海雾维持和加强阶段(22日20时—23日04时)，在稳定层条件下，近海面继续冷却，23日01时逆温层强度达到最强，海雾浓度增大。减弱和消散阶段(23日04时后)，沿岸东部地面升温明显，并自东南向西北拓展(与沿岸海雾移动相对应)，逆温层消失，低层大气稳定度减小，空气扰动进而加强，海雾随之消散抬升为低碎云。

表6.2 垂直温差(ΔT=1000 m以下上层温度最高值-近海面温度最低值，单位:℃)

	22日9时	14时	18时	23时	24时	23日01	04时	08时	10时
上层	5	17	19	16	15	16	16	16	18
近海	11	7	7	4	3	2	4	12	18
ΔT	−6	10	12	12	12	14	12	1	0

由图6.17可以看出在云水混合比大于0.6 g/kg的浓雾区，两侧为云水混合比小于0.3 g/kg的窄轻雾区。雾顶高度在100 m左右，浓海雾区雾顶高度在50 m左右，这与逆温层顶和相对湿度高湿度区的高度基本符合(图6.8)。

通过分析位温随高度的变化发现(图略)，海雾生成前至加强阶段，大气层结呈现出稳定度逐渐加强(由22日09时1.5 K/100 m，至22时10 K/100 m，23日05时12 K/100 m)，稳定层顶高度不断下降的过程。这一过程十分利于冷却凝结的水汽在垂直方向上被不断地压缩，利于海雾的维持和加强。而随着稳定度逐渐减弱(06时10 K/100 m、08时5 K/100 m)，稳定层顶高度不断抬升，海雾也逐渐抬升成低云。

另外，模拟的温、湿度垂直廓线反映出了逆温层和湍流混合层的存在。值得一提的是23日07时后随着逆温层的破坏，高湿度层迅速抬升(图6.16)，这一时间与海雾转为低碎云的时间一致(图6.1)。说明模式比较成功地模拟出了海雾转为低碎云的时间。

综合而言，云水混合比与温度垂直分布、位温垂直分布以及相对湿度在变化趋势和分布形态上具有同步变化特征。由此表明，海雾的形成、消散与大气中的水汽、层结稳定度关系密切，而从其形成的物理过程看，暖空气平流至冷海面是其中最根本的原因。因为它既有利于暖空气遇冷使水汽凝结，又有利于逆温层结的形成，进一步增强水汽积累，有利于海雾维持和加强。

(5)风场特征

海雾是水汽在低层大气中的凝结现象，低层充足的水汽是海雾形成和维持所需的重要条件，而暖湿气流是由风场向下游输送的，因此，适宜的风向和适度的风速是海雾生成和持续的重要气象因子。众多研究指出形成海雾的风向以偏南风为主，尤其来自暖海面的南风是形成海雾必不可少的条件，稳定的风向对海雾生成和维持也非常重要(傅刚等，2002；Gao Shanhong，et al.，2007)。

偏南风带来低纬大量的暖湿气流，风速不同，海雾的生成频率也不同。如风速太小(小于 2 m/s)，不利于雾的生成发展；风速增强到一定限度，大于 12 m/s 时，海面的动量交换增强，混合层增厚，水汽不能聚积在近水面，海雾易于消散或升高为低云；当风速小于 10 m/s 时，海雾出现的频率占 94％(黄彬等，2011)。海雾出现时风向风速因不同海区和地形而有差异(张苏平等，2008；黄彬等，2009)。王玉国等(2013)研究了辽东湾西岸海雾与风场的关系，指出辽东湾西岸海雾初生时的平均风速为 6.2 m/s，3～10 m/s 的风速最有利于海雾的形成。风速过小，不利于暖湿空气输送；风速过大，海面动量交换大大增加，混合层增厚，不利于水汽在海面的聚集。在研究青岛地区海雾与风场的关系后，王厚广等(王厚广等，1997)指出，南—东南风是海雾形成有利的风场，3～5 级是适当的风力；最有利于黄海出现平流雾的低层风向以南风为主，风力 3～4 级(宋晓姜等，2011)；对于渤海湾成雾的最佳风速则是 2～3 级风，其次是 4～5 级风(曲平等，2014)。

此外，与雾形成相关的其他一些因子如湍流交换强度、大气稳定度和平流输送等都直接或间接和风场有关。

图 6.18 是 4 月 22—23 日风速分布图，结合图 6.11—图 6.13 可知，海雾生成前期(22 日

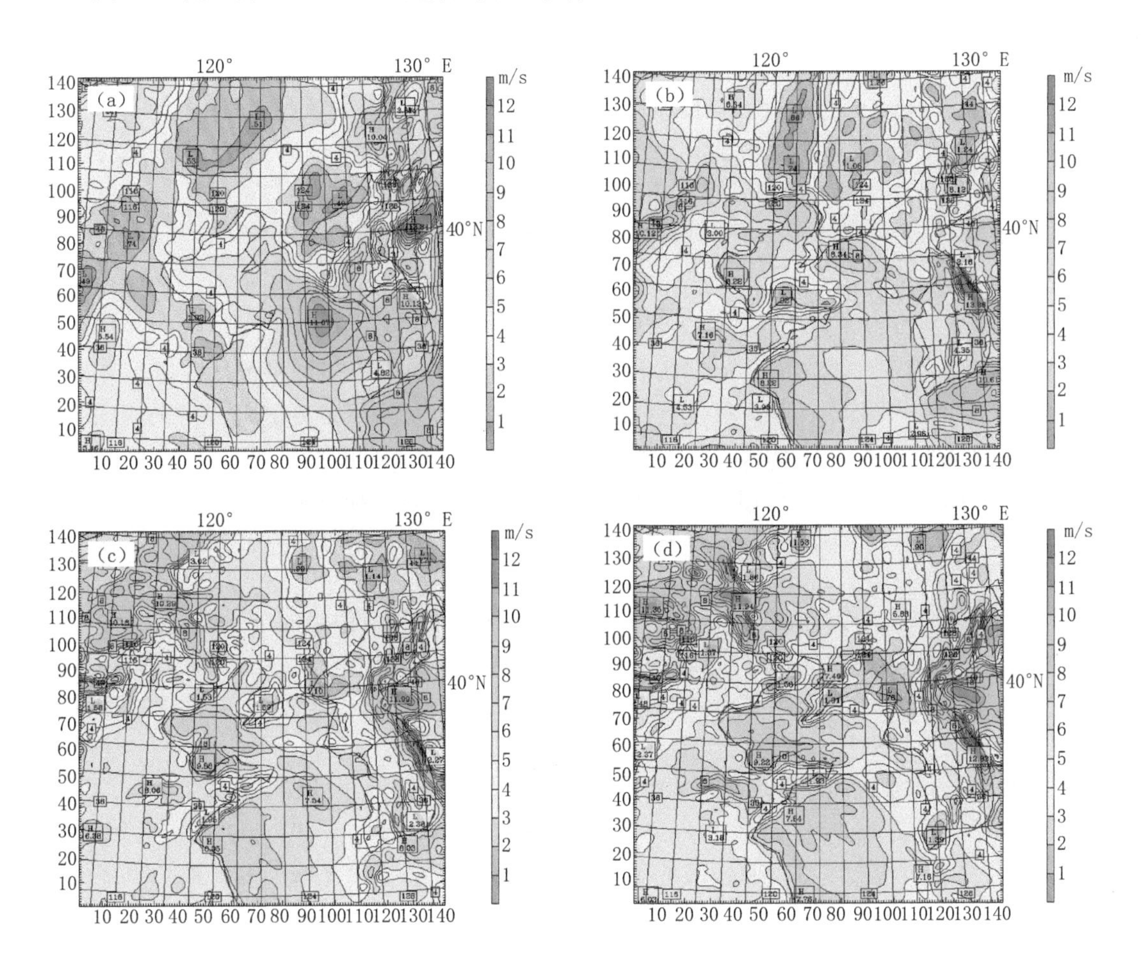

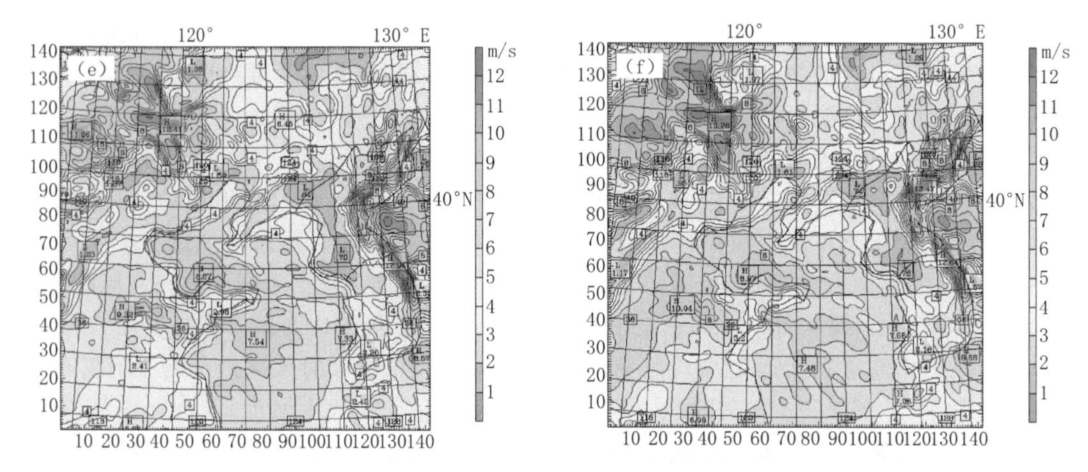

图 6.18　4 月 22 日—23 日风速分布图

(a)2012 年 4 月 22 日 10 时；(b)2012 年 4 月 22 日 19 时；(c)2012 年 4 月 23 日 00 时；(d)2012 年 4 月 23 日 05 时；(e)2012 年 4 月 23 日 06 时；(f)2012 年 4 月 23 日 09 时

10—15 时)黄海、渤海海面上盛行偏西风，风速在 4～6 m/s，之后，风向逐渐转向西南风，风速逐渐增大至 5～8 m/s；海雾生成期(22 日 19—21 时)为偏南风，风速 5～8 m/s；维持期间(22 日 22 时—23 日 06 时)，风向转为偏南风，风速 2～4 m/s；海雾明显消散期(23 日 06 时后)，风向转向偏东，风速平均增大至 6～8 m/s。上述模拟结果与大连单站地面风演变情况十分吻合(图 6.3)。即海雾生成阶段风速在 5～8 m/s，发展阶段风速在 2～3 m/s，当风速开始增大时(最大 9～10 m/s)，海雾开始消散。

综合上述分析，海雾能否生成，何时何地生成，如何发展、消散，取决于上述海洋气象条件综合配置结果。精确的海雾数值模拟预报依赖于精确的这种背景场知识。

6.1.6　结论

利用观测数据和中尺度模式 WRF，研究了海雾生成与发展过程中海温场、气温场、湿度场和风场等海洋气象条件的影响。主要结论如下：

(1)此次海雾属于典型的入海高压后部暖空气流经冷海面形成的平流冷却雾。海雾生成、发展所必需的有利条件与大尺度天气系统的演变紧密相关。海雾生成、发展过程中，入海高压加强北抬，与中国东部大陆低压共同作用，使得近地面层出现北转南风，为偏南暖湿气流源源不断地输送到冷海面形成海雾提供了十分有利的大气环流条件。

(2)观测表明海雾消散与低云的出现几乎同时发生，能见度的好转与雾层抬升转为低云有关。

(3)海雾的形成、发展以及消散是适宜的水文气象条件共同作用的结果，冷的海洋下垫面、持续的暖湿气流输送是海雾形成的基本前提，降温、增湿是海雾形成的必备条件，适宜的气—海温差、稳定的大气层结是海雾形成、发展、维持的关键因素。WRF 模式对该次海雾的模拟比较成功。

(4)海雾形成前近地面呈现出北风减速和南风增强的转向增速过程。海雾生成阶段风速在 5～8 m/s，发展阶段风速在 2～3 m/s，当风速开始增大时(最大 9～10 m/s)，海雾开始消散。

(5)北风减速和南风增强的转向增速过程是相对湿度增减变化的关键因素。海雾生成前为整层低湿区，出现和维持时为高湿区(相对湿度＞97％)，消散阶段湿层降低和湿度下降

(80%以下);海雾的生成演变过程中,高湿度区的位置、形状与海雾的分布形态一致,水平湿度梯度增大时,对应海雾的生成和加强,水平湿度梯度减小时,海雾消散;

(6)逆温层的存在、消失对水汽在垂直方向上的压缩聚集和扩展有重要作用。海雾形成前,大气层结由不稳定向稳定转变,形成逆温和“干暖盖”结构。这种高空暖干层与近海面冷湿层的存在,使得水汽不能向上输送,集聚于底层,在近海面低空形成“水汽压抑层”,为海雾形成和发展提供了良好的温湿层结条件;逆温形成的主要原因是上层偏南暖平流增温与低层冷海面冷却叠加效应。逆温层顶高度与雾顶高度完全吻合。由于风速加大,湍流增强破坏近海面逆温层,伴随着湍流层向上发展,高湿层向上伸展,雾抬升为低云,低云量增加,能见度好转。

(7)平流冷却雾与冷水域的位置基本一致。冷暖气流交汇区的冷水面上或水平温度梯度较大的海陆交界地区,移经其上的暖湿气流容易变性冷却形成雾。海雾随着海表面温度锋(SSTF)的形成、增强和减弱而初生、发展、增强和消散。云水混合比高值区域(海雾区)与气温低温区所在位置、形状都有很好的一致性,近乎于重叠。气温高于海温;暖空气向北平流,温度差由小变大,海雾生成前在 0～1℃,随着偏南暖平流向北移动,温差加大,至生成与加强时段,在 2～3℃。这种变化与天气形势、风场、温度场以及逆温层的变化一致和完全对应。

上述分析说明,偏南风携带的暖空气遇到冷海面,对海雾的生成有两方面的重要作用。一是暖空气遇到冷海面,由于冷却凝结作用而形成海雾;二是由于边界层的湍流交换,使得贴近海面的空气温度明显降低,其上空气温度显著升高,因此,暖空气遇到冷海面的平流过程十分有利于逆温层结的形成,使得冷却凝结的水汽在其下得到不断的积累,有利于海雾浓度的加重和维持。

6.2　2011 年 5 月 31 日—6 月 3 日(SST 敏感性试验)

海雾是发生在海上或沿海地区上空大气边界层内,近海面大气受海洋影响,水汽凝结而导致大气水平能见度小于 1 km 的海洋灾害性天气。在海雾的生消过程中,海洋作为主要下垫面起着重要作用。

海表面温度(SST)是海气界面上的一个重要物理量,受到海洋潮汐、海底地形等因素的影响,并对海洋大气边界层有着重要影响(赵定池等,2014)。关于海雾的产生目前主要有两种解释(孟宪贵等,2012):一种是正的气海温差导致冷海水上的大气层结稳定度增大,从而使低云产生增多,较多的低云又会阻挡部分太阳辐射,使得海表面水温进一步减小,从而在海表面水温与低云(雾)之间产生正反馈作用(Klein et al.,1993;Gao et al.,2007;Norris et al.,1998);另一种是负的气海温差和强的海表面风增强了海水蒸发,导致了更多的水汽进入大气,形成了一个混合充分的大气边界层,增加了海雾和低云的产生(Tachibana et al.,2008)。可见不管哪种解释,海温(SST)在海雾的形成中都发挥着重要作用。

Cho 等(2000)在研究朝鲜半岛西部的黄海海域的海雾时做过统计,认为 1～3℃的气海温差最适合海雾的形成和发展。王彬华(1983)总结出中国近海的平流冷却雾的气—水温差范围为 0.5～3℃。随着数值模式的发展,利用数值模式研究海雾的形成机制成为海雾研究的一种重要手段,数值模式可以在一定程度上弥补海上观测资料的不足,使海雾的研究进入了一个新的阶段。国内外学者开始利用数值模式研究 SST 在海雾生消过程中的作用，Gao 等(2007)用 MM5 模式研究低空暖湿平流在海雾形成过程中的作用时，发现雾区对海表面温度(SST)的变化非常敏感。孟宪贵和张苏平(2012)利用 WRF 模式探讨 SST 冷中心的作用，结果表明冷水区的海水冷却效应可以导致海雾的发生频率增加 15% 以上。张苏平(2010)利用 WRF 模式研究 SST 对海雾的影响，结果表明海雾面积对 SST 的变化非常敏感，在湿度较小的薄海雾区，SST 升高，稳定度减弱，海雾面积减小，SST 降低，稳定度增加，海雾面积增大；在湿度较大的浓海雾区，SST 的变化对稳定度的影响不大。

但是海雾可以分为(王帅等，2009)：暖气团移动到冷海面上形成的平流雾(Taylor，1917；Byers，1930；Lamb，1943)、热浮力和相应的上升运动使空气凝结成雾(Petterssen，1938)、海面上空薄层的辐射冷却使空气凝结而成辐射雾(Emmons et al.，1947；Leipper，1948)、暖海面上的水汽蒸发而形成蒸发雾(Petterssen，1938)。对于不同类型的海雾，SST 对海雾的影响机理是否相同，还需要进一步探讨。基于此，本节使用 WRF 模式对 2011 年 5 月 31 日—6 月 3 日的一次黄渤海海雾过程进行数值模拟，探讨海表面温度 SST 的变化对不同类型海雾发展、消散的影响。

6.2.1 模式及试验方案

这里选取的模式为 WRF V3.8.1 版。采用 NCEP 提供的 FNL 客观分析资料作为模式的初始场及边界条件，其中 SST 资料采用 FNL 资料中的表面层温度(张苏平等，2010)。积分时刻为 2011 年 5 月 31 日 20 时—6 月 3 日 20 时(北京时，下同)，边界条件每 6 h 更新，积分时间 72 h，如不做特别说明，下面分析中均为对 d02 区域的模拟结果进行分析。如图 6.19a 所示，本试验采用双重双向嵌套，区域范围及参数设置及模式各物理参数化方案选项见表 6.3。

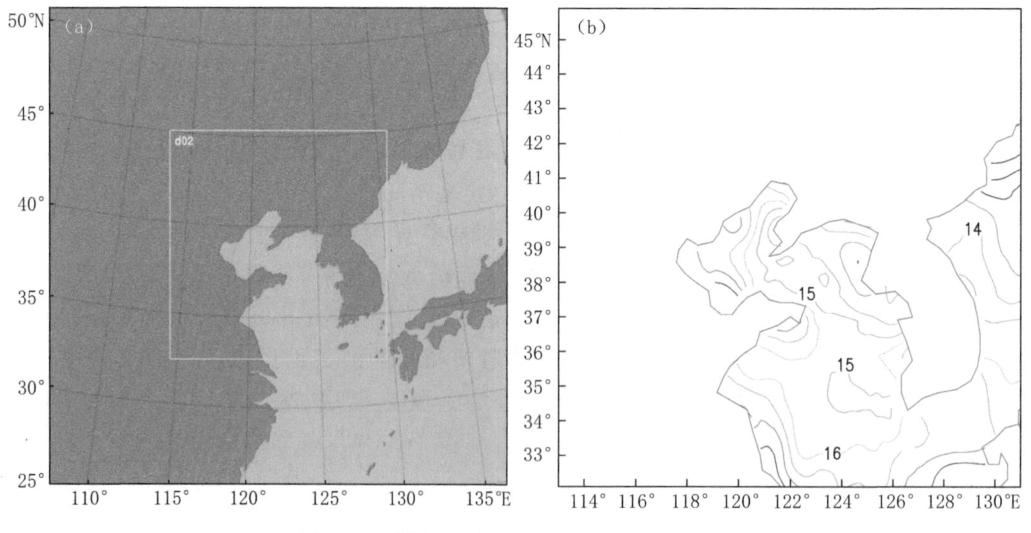

图 6.19 模拟区域(a)及初始 SST 分布(b)

这里垂直方向上采用 η 坐标(地形伴随坐标)，850 hPa 以下各层对应的海拔高度分别大约为：0，10，22，44，106，188，270，355，430，585，830，1080，1340 m。

表 6.3 模式设置参数表

区域与选项	设置	
	d01	d02
区域与分辨率	双重嵌套、Lambert 投影	
	中心点(39°N、122°E)	
	格点数 100×100	格点数 142×142
	30km	10km
	垂直分辨率 43η 层 η=1.0000,0.9975,0.9970,0.9922,0.9820,0.9722,0.9622,0.9522,0.9444,0.9167,0.8889,0.8611,0.8333,0.8056,0.7778,0.7500,0.7222,0.6944,0.6667,0.6389,0.6111,0.5833,0.5556,0.5278,0.5000,0.4722,0.4444,0.4167,0.3889,0.3611,0.3333,0.3056,0.2778,0.2500,0.2222,0.1944,0.1667,0.1389,0.1111,0.0833,0.0556,0.0278,0.0000	
积分步长	180s	60s
边界层方案	MYNN2 方案(Nakanishi and Niino 2006,BLM)	
积云方案	Kain-Fritsch 方案(Kain 2004,JAM)	
微物理方案	Lin 方案(Lin,Farley and Orville 1983,JCAM)	
辐射方案	长波辐射:RRTM 方案(Mlawer et al. 1997,JGR)	
	短波辐射:Dudhia 方案(Dudhia 1989,JAS)	
陆面过程	Noah 陆面过程	

在控制试验与客观观测结果比较一致的情况下,增加或减小 SST,研究 SST 变化对海雾发展、消散的影响。这里借鉴张苏平等(2010)的方法,对整个海区的海表面温度进行改变,分别对 d01 区域和 d02 区域每个网格点上的 SST 进行改变。本文对原始初始场上每个网格点上的 SST 值增加或降低一定温度作为新的初始场,定义如下:

$$\mathrm{SST}(mx,my)=\mathrm{SST}(mx,my)\pm\Delta t \tag{6.1}$$

其中 SST(mx,my)为每个网格点上的初值,Δt 分别取 0.5、1、2,共进行了 6 个敏感性试验(表 6.4)。

表 6.4 试验设计

名称	元素
控制试验(CTL)	不改变 SST
敏感性试验 SST+2	整个海区 SST 升高 2℃
敏感性试验 SST−2	整个海区 SST 降低 2℃
敏感性试验 SST+1	整个海区 SST 升高 1℃
敏感性试验 SST−1	整个海区 SST 降低 1℃
敏感性试验 SST+0.5	整个海区 SST 升高 0.5℃
敏感性试验 SST−0.5	整个海区 SST 降低 0.5℃

可以看出这样处理并没有改变 SST 水平方向上的梯度。图 6.19b 给出了 5 月 31 日 20 时控制试验的海表面温度初始 SST 分布。

6.2.2 天气形势分析

在海雾发生前,5 月 31 日 08 时(图 6.20a、b),黄渤海位于海上高压后部和大陆低压前部，风向以偏南风为主，偏南风有利于将南方洋面上的水汽输送到黄渤海地区，为海雾的形成提供水汽条件（王厚广等，1997；张红岩等，2005）。6 月 1 日 14 时（图 6.20c、d）随着大陆低压的东移，850 hPa 槽线和 1000 hPa 槽线先后移过黄渤海地区，渤海及黄海中北部地区上空转为槽后偏北气流控制，黄海南部虽然仍是偏南气流控制但强度已经明显减弱。由相对湿度（图略）可以看出，黄海区域 1000 hPa 相对湿度仍然维持在 90%以上，渤海海域的相对湿度明显减小，不足 80%。6 月 2 日 20 时（图 6.20e、f），随着海上高压的西伸，黄渤海地区

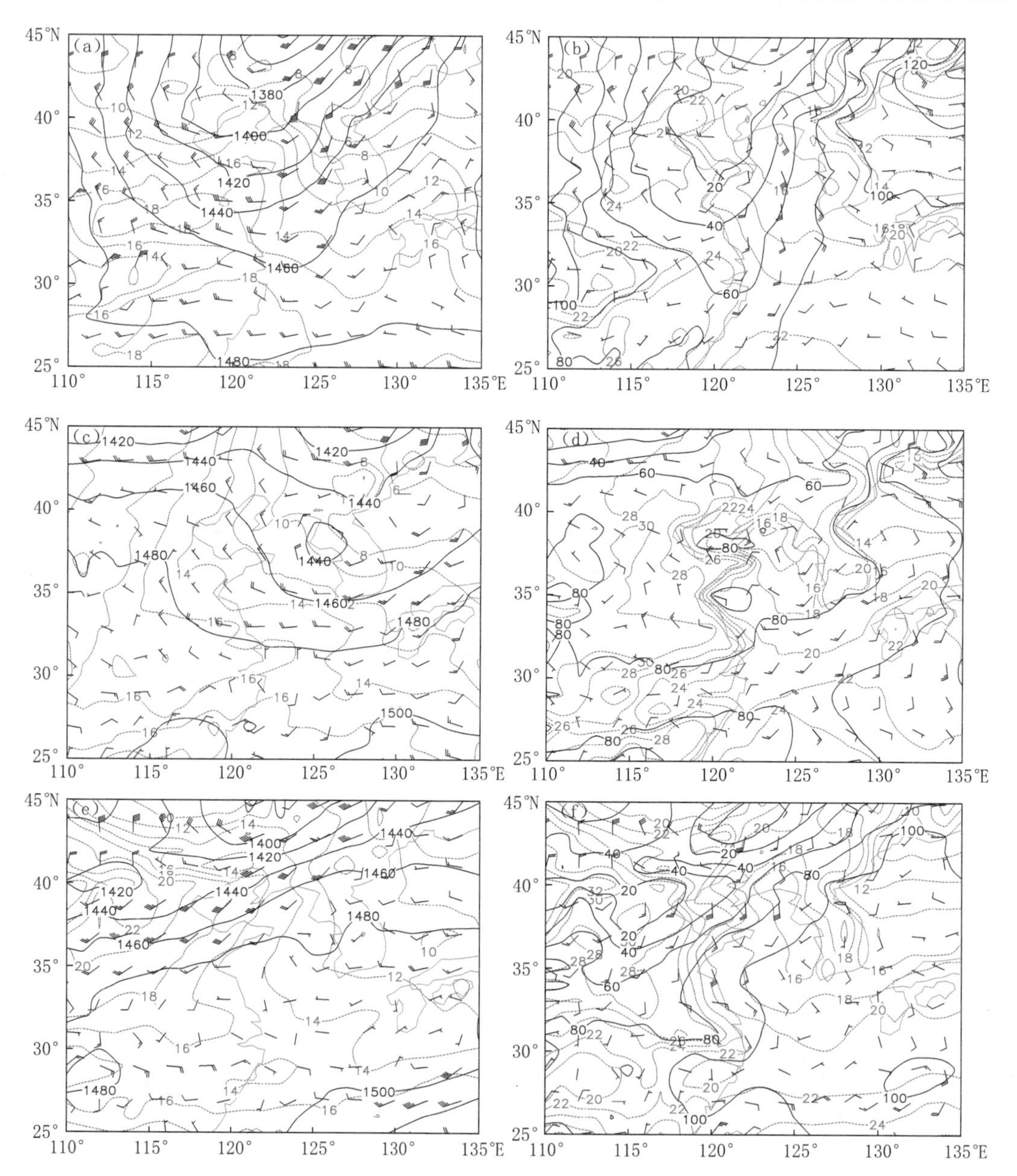

图 6.20　850 hPa 和 1000 hPa 天气图

（实线位势高度场，单位：gpm；虚线温度场，单位：℃）

(a)5 月 31 日 08 时 850 hPa；(b)5 月 31 日 08 时 1000 hPa；(c)6 月 1 日 14 时 850 hPa；

(d)6 月 1 日 14 时 1000 hPa；(e)6 月 2 日 20 时 850 hPa；(f)6 月 2 日 20 时 1000 hPa(资料来自 NCEP)

再次转为槽前偏南风控制，高压外围的偏南风使偏南的水汽输送再次增强。可以看出这次海雾过程主要可以分为三个阶段，5 月 31 日—6 月 1 日主要受大陆低压前部偏南气流影响；6 月 1—2 日随着 850 hPa 和 1000 hPa 槽的先后过境，主要受槽后偏北气流影响；6 月 2—3 日随着海上高压的西伸，主要受海上高压外围偏南气流影响。

6.2.3 控制试验分析

能见度是辨别海雾的重要物理量，Stoelinga 等（1999）在总结前人研究的基础上提出了一个计算大气水平能见度的公式：

$$x_{\text{VIS}} = \frac{-\ln(\varepsilon)}{\beta} \tag{6.2}$$

其中 x_{VIS} 是水平能见度，单位 m；ε 为对比感域，通常取 0.02；β 为消光系数，由云水消光系数、雨水消光系数、云冰晶消光系数和雪消光系数 4 部分组成，消光系数具体见表 6.5。

表 6.5　水汽凝结现象消光系数（Stoelinga，1999）

水汽凝结现象	消光系数
云水、雾	$\beta = 144.7C^{0.88}$
雨水	$\beta = 1.1C^{0.75}$
云冰晶	$\beta = 163.9C^{1.00}$
雪	$\beta = 10.4C^{0.78}$

由于本次过程发生在夏季且没有降水，可以不考虑雨水、冰晶和降雪的影响，能见度主要受云水消光系数的影响，云水消光系数主要根据 Kunkel（1984）经验公式即：

$$\beta = 144.7(\rho q)^{0.88} \tag{6.3}$$

其中 ρ 为大气密度，q 为云水混合比。

综上所述能见度计算公式为：

$$x_{\text{VIS}} = -\frac{\ln(0.02)}{144.7(\rho q)^{0.88}} \tag{6.4}$$

傅刚等（2004）和 Gao 等（2007）用式（6.4）较好地模拟了能见度，张苏平等（2010）用式（6.4）计算，在能见度小于 1 km 的条件下，云水混合比约大于 0.2 g/kg，本文即用云水混合比大于 0.2 g/kg 作为海雾的判定标准。

6.2.3.1 海雾的空间分布

图 6.22 是模式第一层（离地高度约为 10 m）云水混合比的分布图。可以看出在模式积分 3 小时以后（5 月 31 日 23 时，图 6.22a），在黄海中部、山东半岛东部海域形成了一个云水混合比＞0.2 g/kg 的雾区，中心强度达到 0.65 g/kg。之后，雾区范围逐渐扩大，6 月 1 日 11 时（图 6.22b），海雾区域已经扩展到黄海东部及渤海东北部海域，对比同时刻的卫星云图（图 6.21a），可以看出模式模拟的雾区和卫星云图形状大致相同，较好地模拟出了辽东半岛东部的少雾区和山东半岛、朝鲜半岛附近的雾区，但是渤海区域模拟的雾区范围较小，朝鲜半岛附近海域模拟的雾区范围偏大。

随着 850 hPa（图 6.20c）和 1000 hPa（图 6.20d）槽的先后过境，6 月 1 日 14 时后，渤海及黄海中北部转为偏北气流控制，黄海南部的偏南风明显减弱（图 6.23b），对应着黄海东部（冷海水区）海雾逐渐减弱，西部海域（暖海水区）海雾逐渐生成加强，6 月 1 日 20 时（图

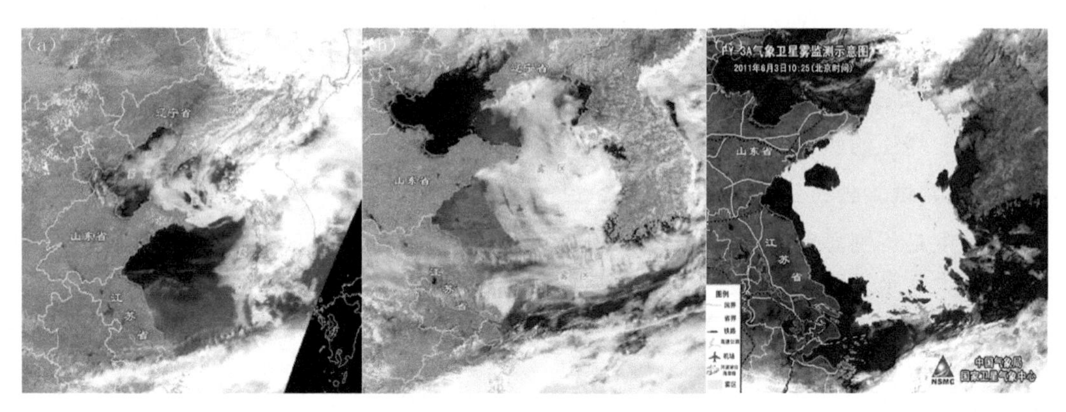

图 6.21　2011 年 6 月 1 日卫星云图

(a)6 月 1 日 11 时 05 分;(b)6 月 1 日 13 时 21 分;(c)6 月 2 日 08 时 05 分

6.22c),黄海西部海域的海雾浓度已强于东部海域。6 月 2 日 08 时(图 6.22d),黄海中南部海域大部分地区存在海雾,且西部海域雾的浓度强于东部。对比同时刻的卫星云图(图 6.21b)可以看出模拟雾区的形状和云图较为相似,较好地模拟了辽东半岛以南的海雾,只是山东半岛至江苏附近沿岸海域,模拟的雾区范围偏大。随着气温的升高,海雾趋于消散,6 月 2 日 14 时(图 6.22e)只在山东半岛东部海域有海雾,海雾的日变化明显。

6 月 2 日 20 时随着偏南风暖湿气流的再次增强(图 6.23c),海雾逐渐生成,6 月 3 日 10 时(图 6.22f)黄海中南部海域存在大范围海雾,和云图(图 6.21c)对比,模式较好地模拟了山东半岛以北的无雾区,山东半岛以南的雾区形状也和云图较为相似。6 月 3 日 08 时后,随着日出后太阳辐射的增强,海雾逐渐从北向南消散。

考虑到模式的模拟能力(宋巧云,2006),总体来说,模式较好地模拟了 5 月 31 日—6 月 3 日的海雾过程,海雾的空间分布和云图较为一致。同时可以看出 5 月 31 日—6 月 1 日和 6 月 2—3 日的海雾,海雾都是随着偏南风暖湿气流的增强而增强,日出后随着气温的升高而减弱;而 6 月 1—2 日的海雾过程中,低层主要受偏北气流影响,可能属于不同性质的雾。

6.2.3.2　海雾的性质分析

由图 6.23 可以看出,5 月 31 日—6 月 1 日偏南风暖湿气流较强,对比初始的 SST 分布(图 6.19b)可以看出,模拟的海雾范围和冷海水区较为一致。由 5 月 31 日 20 时后的气海温差分布图(地面 2 m 的温度减去海面温度)(图略)可以看出气海温差在 0.5～1.5℃,气温明显高于海温。因此 5 月 31 日—6 月 1 日的海雾过程应该属于暖湿空气遇到冷海水区的平流冷却雾。Cho 等(2000)认为 1～3℃的气海温差最适合海雾的形成和发展,王彬华(1983)总结出中国近海平流冷却雾的气—水温差范围为 0.5～3.0℃,这里数值模拟的结果也证实了这一结论。

6 月 1 日 12 时(图 6.23b)后,随着冷空气的侵入及偏南风暖湿气流的减弱,冷海区的平流雾开始逐渐减弱消散,气海温差逐步从“正”值转为“负”值。由 6 月 1 日 20 时的气海温差分布图(图略)可以看出,气海温差在－3.0～－1.0℃,海温明显高于气温。因此 6 月 1—2 日的海雾过程应该属于海面蒸发的水汽在空气中冷却凝结达到饱和而形成蒸发雾,日出后太阳辐射增强,气温逐渐升高,不利于蒸发雾的凝结,蒸发雾逐渐减弱消散。

6 月 1 日 20 时(图 6.22c)黄海大部分海域海雾较浓,且黄海西部的暖海水区的海雾浓度

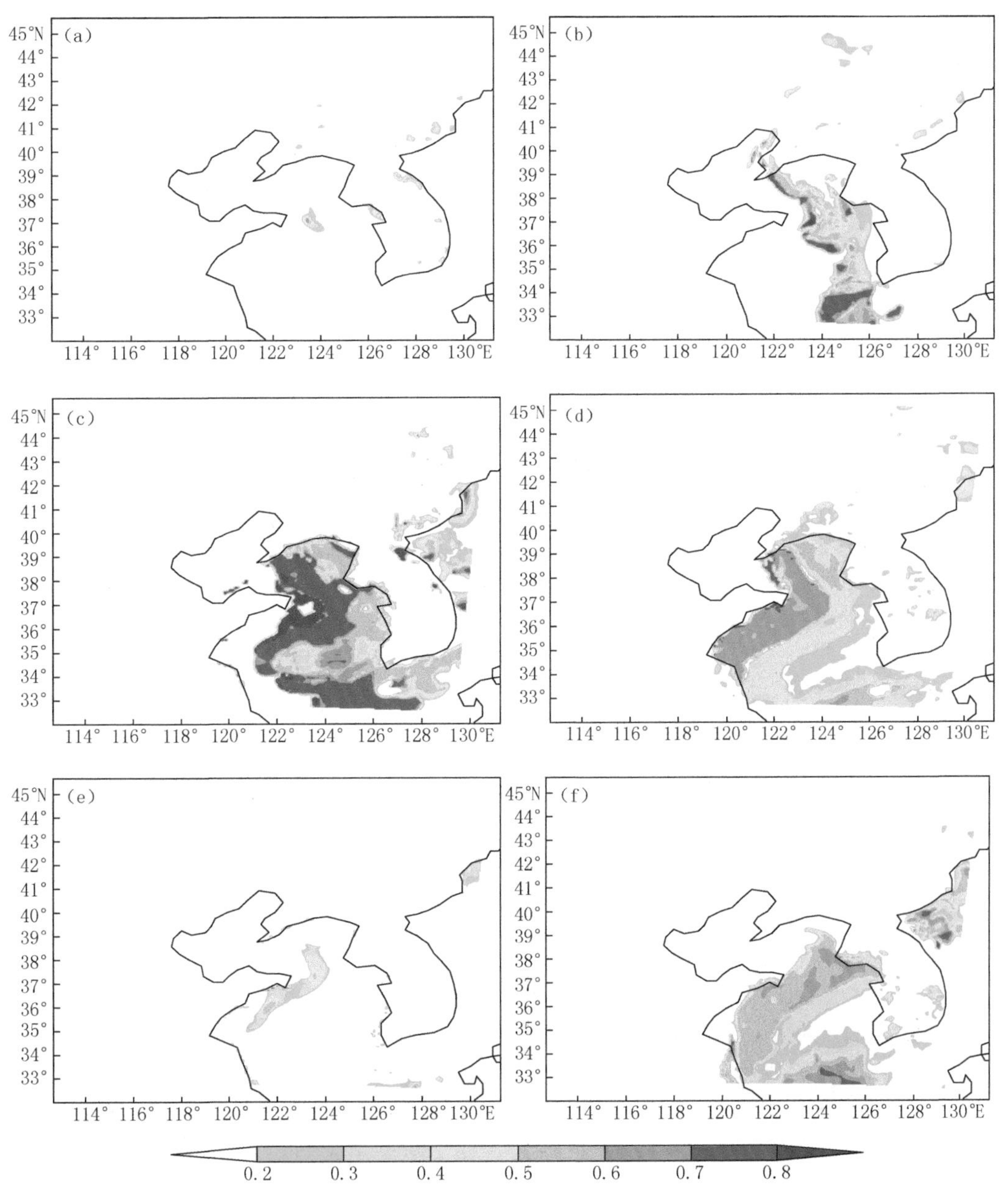

图 6.22　CTL 试验模式第一层云水混合比(单位:g/kg)

(a)5 月 31 日 23 时;(b)6 月 1 日 11 时;(c)6 月 1 日 20 时;

(d)6 月 2 日 08 时;(e)6 月 2 日 14 时;(f)6 月 3 日 10 时

高于黄海东部冷海水区,这主要是因为西部海面温度高,蒸发明显,并且西部偏北气流更明显,暖海面的水汽蒸发遇到冷空气的侵入,容易形成蒸发雾;东部海温低,海温的蒸发效应弱,所以雾的浓度要弱于西部。

6 月 2 日日出后,随着气温的升高,气海温差逐步从“负”值转为“正”值(图略),蒸发雾逐渐消散。6 月 2 日 20 时(图 6.23c)浅层风转为偏南风,黄海中部海域气海温差在 0.5～

1.0℃(图略),平流雾逐渐生成发展。6 月 3 日 08 时气海温差进一步增大,偏南风气流(图 6.23d)进一步增强,雾维持。因此 6 月 2 日—3 日的海雾过程应该也属于平流冷却雾。6 月 3 日 08 时后随着太阳辐射的增强,气温升高,平流雾逐渐减弱消散。

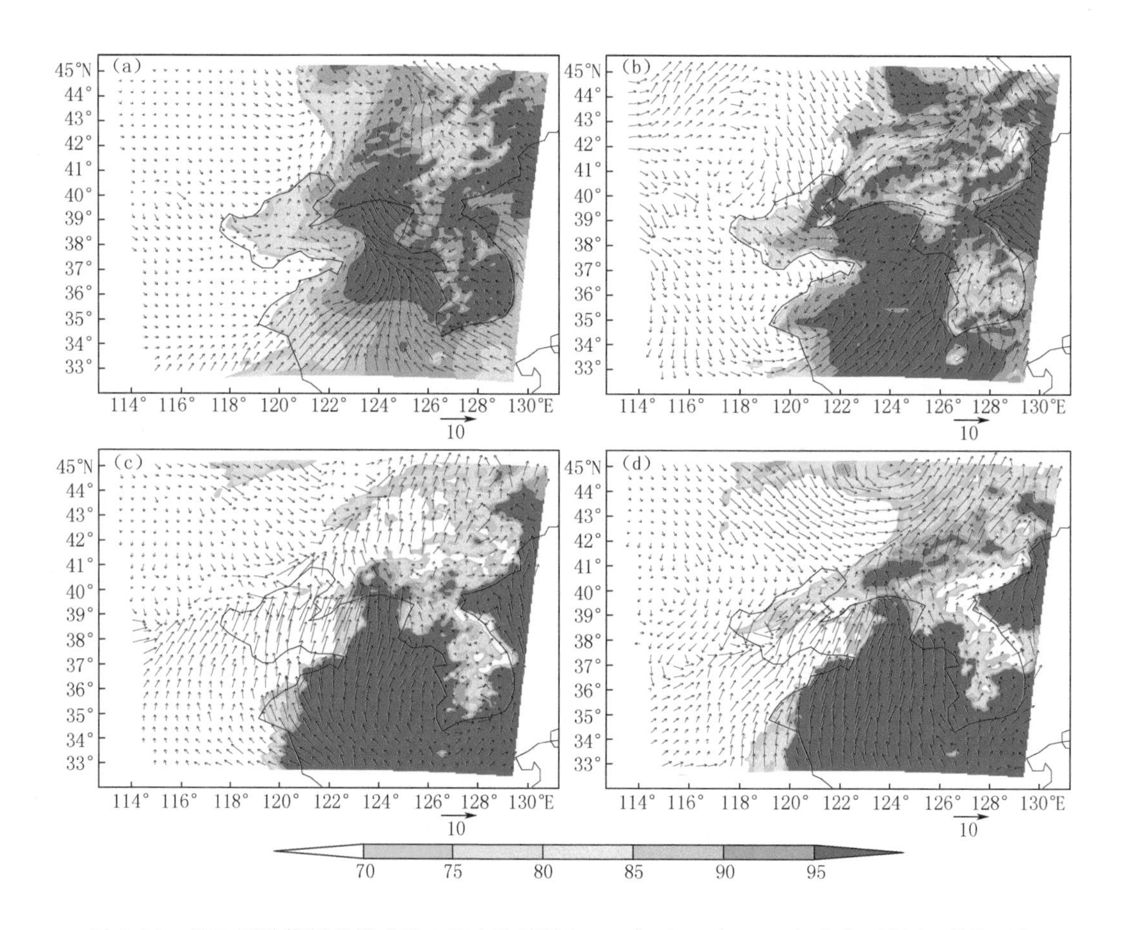

图 6.23　CTL 试验模拟的模式第 1 层水汽通量($g \cdot s^{-1} \cdot hPa^{-1} \cdot cm^{-1}$)和相对湿度(单位:%)
(a)5 月 31 日 20 时;(b)6 月 1 日 12 时;(c)6 月 2 日 20 时;(d)6 月 3 日 08 时

由海雾空间分布图的演变(图略)可以看出,不管是平流雾还是蒸发雾都存在明显的日变化特征,均是夜间范围较大、强度较强,日出后范围逐渐缩小、强度逐渐减弱,16 时后随着太阳辐射的减弱,范围逐渐增大,强度逐渐增强。

需要指出的是,平流雾和蒸发雾在某些天气形势下往往难以区分,混合存在,本节中平流雾和蒸发雾转换时间也难以区分,甚至共同存在,总体来说本次过程可以分为三个阶段,5 月 31 日晚—6 月 1 日下午以平流雾为主,随后平流雾逐渐消散、蒸发雾逐渐生成;6 月 1 日晚—6 月 2 日上午以蒸发雾为主,随后蒸发雾逐渐消散、平流雾逐渐生成;6 月 3 日以平流雾为主。后面分析中的平流雾或蒸发雾只是指以平流雾为主或者以蒸发雾为主,不是完全意义上的平流雾和蒸发雾。

不管是平流雾还是蒸发雾,从本质上说海雾是海平面附近大气饱和凝结,空气中悬浮的大量水滴使能见度小于 1 km 的天气现象。因此,低层大气的相对湿度对雾的生成至关重要。若相对湿度太低，即使其他条件很理想，也不会出现雾。由海雾过程中相对湿度的演变(图 6.23)可以看出，5 月 31 日 20 时(图 6.23a)—6 月 1 日 14 时(图 6.23b)渤海、黄海相对湿度均在 90%以上。随着冷空气的侵入，偏南风气流的减弱，渤海海域相对湿度明显减弱，但是黄海海域由于其海面温度高于大气温度，海面蒸发明显，相对湿度仍然较大，维持在 95%以上，这为蒸发雾的产生提供了有利的湿度条件。6 月 2 日 20 时(图 6.23c)后，随着偏南暖湿气流的再次增强，渤海海域相对湿度有所增大，但一直维持在 85%以下，黄海海域相对湿度仍然维持在 95%以上。这也是 6 月 2—3 日渤海海域没有出现平流雾的重要原因。一般认为黄海的海雾以平流冷却雾为主(王彬华，1983；Gao S H et al.，2007；张苏平等，2008)，这里可以看出只要在合适的环流背景和湿度条件下，同样可以生成蒸发雾。

6.2.3.3　海雾的生消时间分析

由于海上观测资料很少，气象、水文同步观测资料更少，难以确定海雾的确切生消时间。一些研究以海湾沿岸站点观测到的雾来代替海雾(孙安健等，1985)，本文采用同样的方法对模式的模拟能力进行检验。图 6.24 和图 6.25 给出了辽东半岛丹东站和新金站的实况演变，可以看出丹东站(图 6.25)在 6 月 1 日入夜后能见度开始逐渐转差，至 6 月 2 日 04 时能见度转至 0.2 km，之后能见度维持在 1 km 以下，天气现象为雾，日出后能见度开始逐渐转好，08 时后能见度大于 1 km。新金站(图 6.25)也有类似的日变化特征，只是 6 月 1 日夜间能见度转差较快，23 时能见度转至 0.9 km，之后一直维持在 1 km 以下，天气现象为雾，日出

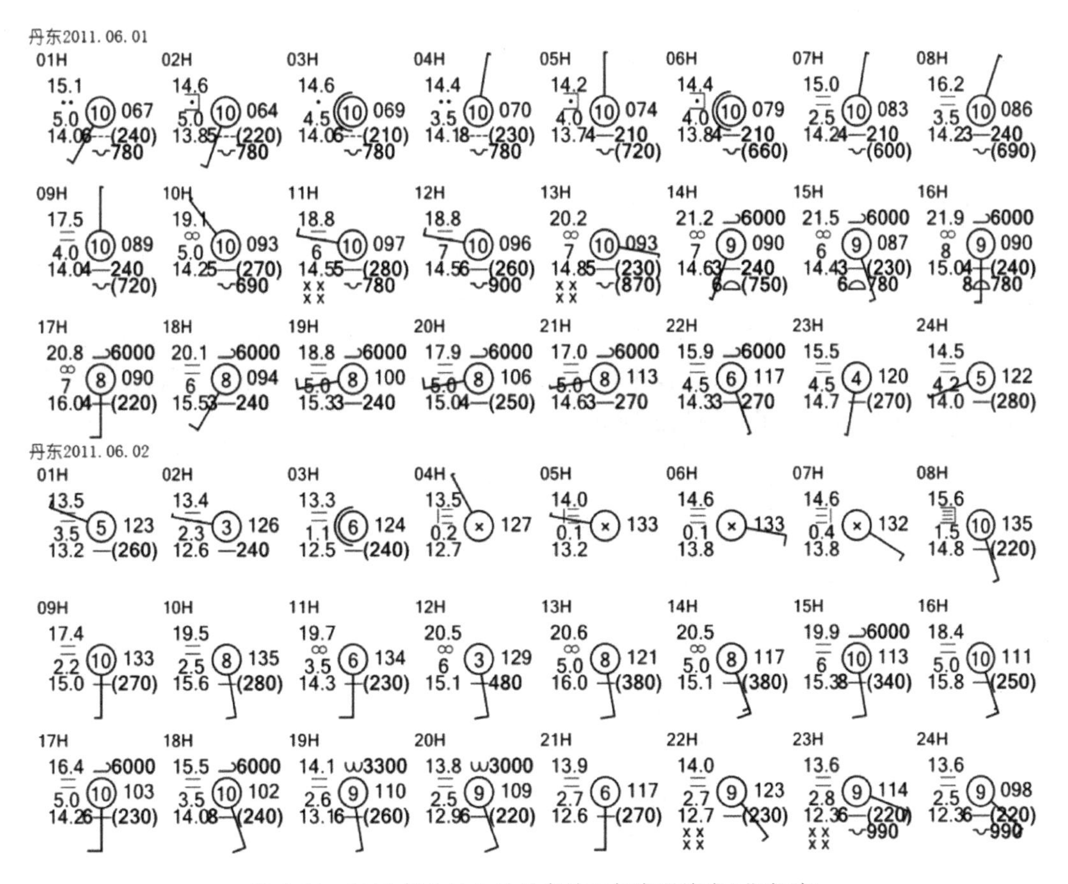

图 6.24　2011 年 6 月 2 日丹东站天气实况演变(北京时)

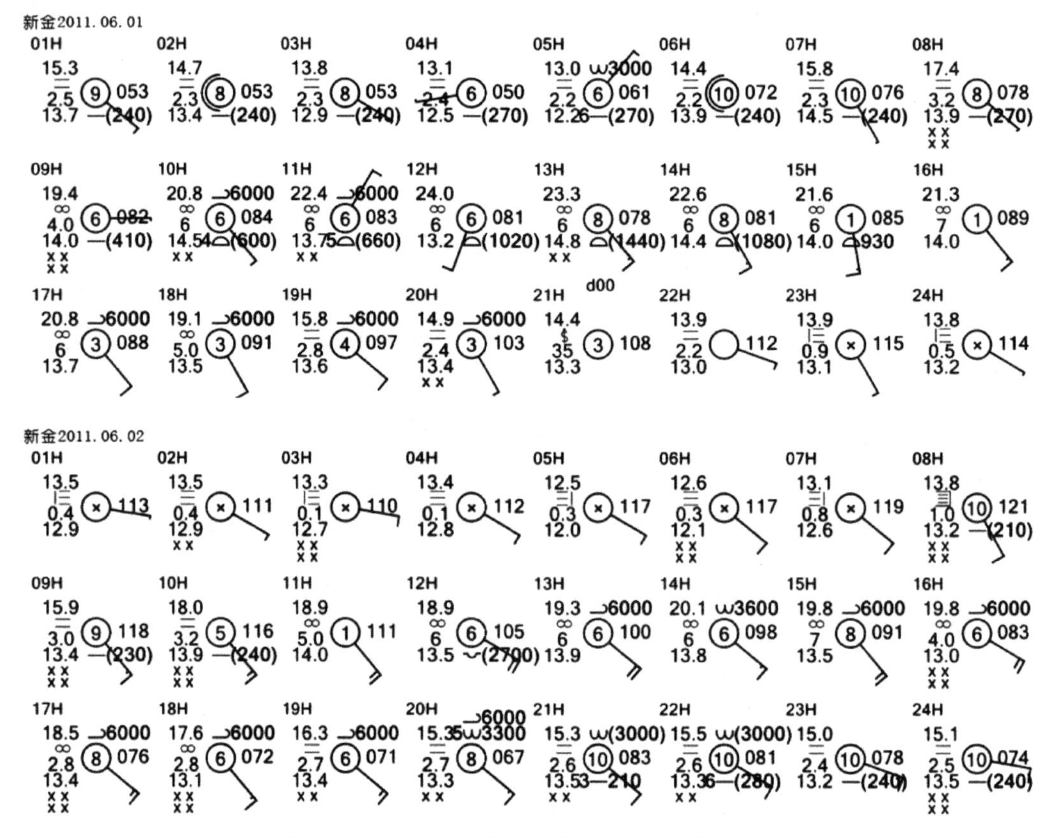

图 6.25　2011 年 6 月 2 日新金站天气实况演变

后能见度逐渐好转，08 时能见度 1.0 km，雾消散。

图 6.26 给出了模式模拟的 6 月 1 日 20 时—6 月 2 日 20 时丹东和新金站的云水混合比的时间序列，可以看出 6 月 2 日 02 时丹东站的云水混合比增至 0.68 g/kg，实况（图 6.24）显示丹东站 03 时能见度 1.1 km，04 时能见度 0.2 km，模拟的雾的生成时间和实况误差在 2 小时以内。6 月 2 日 08 时云水混合比降到 0.18 g/kg，实况显示 08 时雾消散，能见度升至 1.5 km，模式较好地模拟了雾的消散时间。

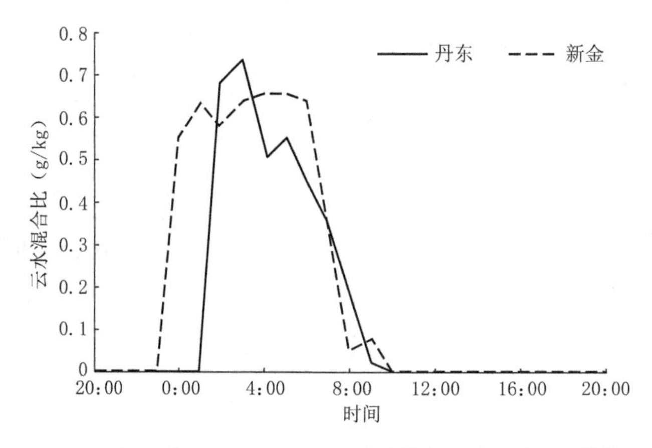

图 6.26　2011 年 6 月 1 日—2 日 CTL 试验模拟云水混合比（单位：g/kg）

6 月 1 日 24 时模式模拟的新金站的云水混合比增至 0.55 g/kg，实况(图 6.25)显示新金站 23 时能见度降至 1 km 以下，模拟的雾的生成时间和实况误差在 1 小时以内。6 月 2 日 08 时模拟的新金站的云水混合比降至 0.06 g/kg，实况能见度在 08 时升至 1.0 km，模式较好地模拟出了雾的消散时间。

可以看出，模式模拟的雾的消散时间和实况较为吻合，雾的生成时间和实况对比稍有误差，但是误差在 2 小时以内。总体来说模式较好地模拟了丹东和新金站两个测站的雾的生成和消散过程。

6.2.4　敏感性试验分析

6.2.4.1　SST 对海雾的生消时间的影响

(1)平流雾生成和消散时间

由 SST－2 试验积分 1 h 后第一层云水混合比的分布图(图 6.27a)可以看出，把海表面温度降低 2℃后，模式积分 1 h 即可在山东半岛东北部海域形成一个云水混合比>0.2 g/kg 的雾区，中心强度达到 0.85 g/kg，此时控制试验(图 6.27b)和海表面温度升高 2℃的试验(SST＋2 试验，图略)在海域上没有模拟出雾。积分 3 小时后，SST－2 试验模拟的雾区(图 6.27c)进一步扩大，此时控制试验(图 6.22a)只在山东半岛东部海域模拟出小范围的海雾，

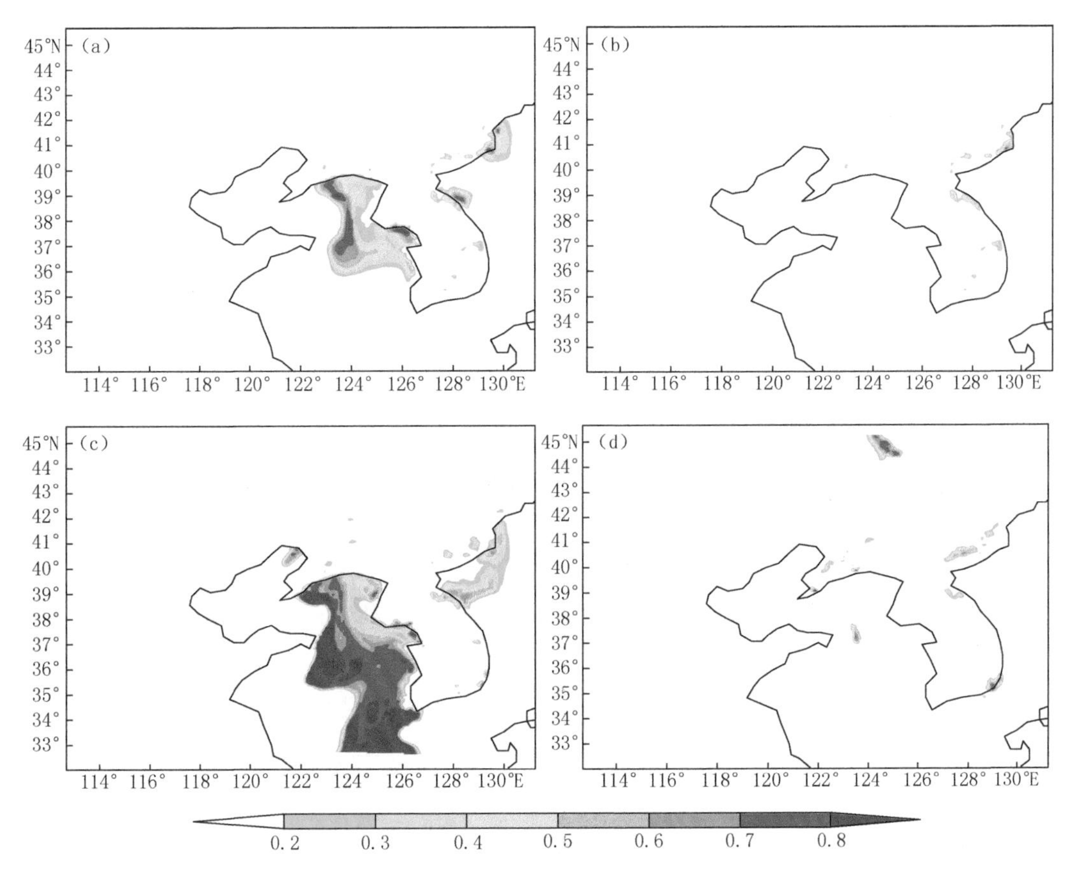

图 6.27　模式第一层云水混合比(单位：g/kg)

(a)5 月 31 日 21 时 SST－2 试验；(b)5 月 31 日 21 时 CTL 试验；
(c)5 月 31 日 23 时 SST－2 试验；(d)6 月 1 日 03 时 SST＋2 试验

SST＋2 试验(图略)仍然没有模拟出海雾。SST＋2 试验在积分 7 h 后(图 6.27d)在山东半岛东部海域模拟出小范围海雾。其他试验与这两个试验趋势相同,总体来说,对于 5 月 31 日—6 月 1 日的平流雾过程,海表面温度降低后平流雾生成时间提前,降温越大,海雾的生成时间越早;增温后海雾生成时间推迟,升温越大,海雾生成时间越晚。6 月 2—3 日的平流雾过程也有类似特点,这里不一一分析。同时可以看出,SST 改变后,在积分的第 1 个小时即可对雾产生显著影响,SST 的改变影响雾的时间尺度较短。

由于 6 月 1—2 日平流雾逐渐消散,蒸发雾逐渐生成,难以判断平流雾的消散时间,这里分析 6 月 3 日平流雾的消散过程。6 月 3 日 08 时后,随着气温的升高,平流雾从北到南逐渐消散,图 6.28 给出了 6 月 3 日 12 时部分试验模式第一层水汽混合比的空间分布,可以看出,把海表面温度升高 2℃的试验(SST＋2 试验,图 6.28a)相比控制试验(图 6.28c),海雾基本全部消散。SST＋1 试验(图 6.28b),黄海南部海域仍有小范围海雾。SST－2 试验(图 6.28d),海雾范围比控制试验偏大,强度也偏强。其他试验与这两个试验趋势相同,总体来说,海表面温度降低后平流雾消散时间减慢,降温越大,消散得越慢;海表面温度升高后海雾消散增快,升温越大,消散得越快。

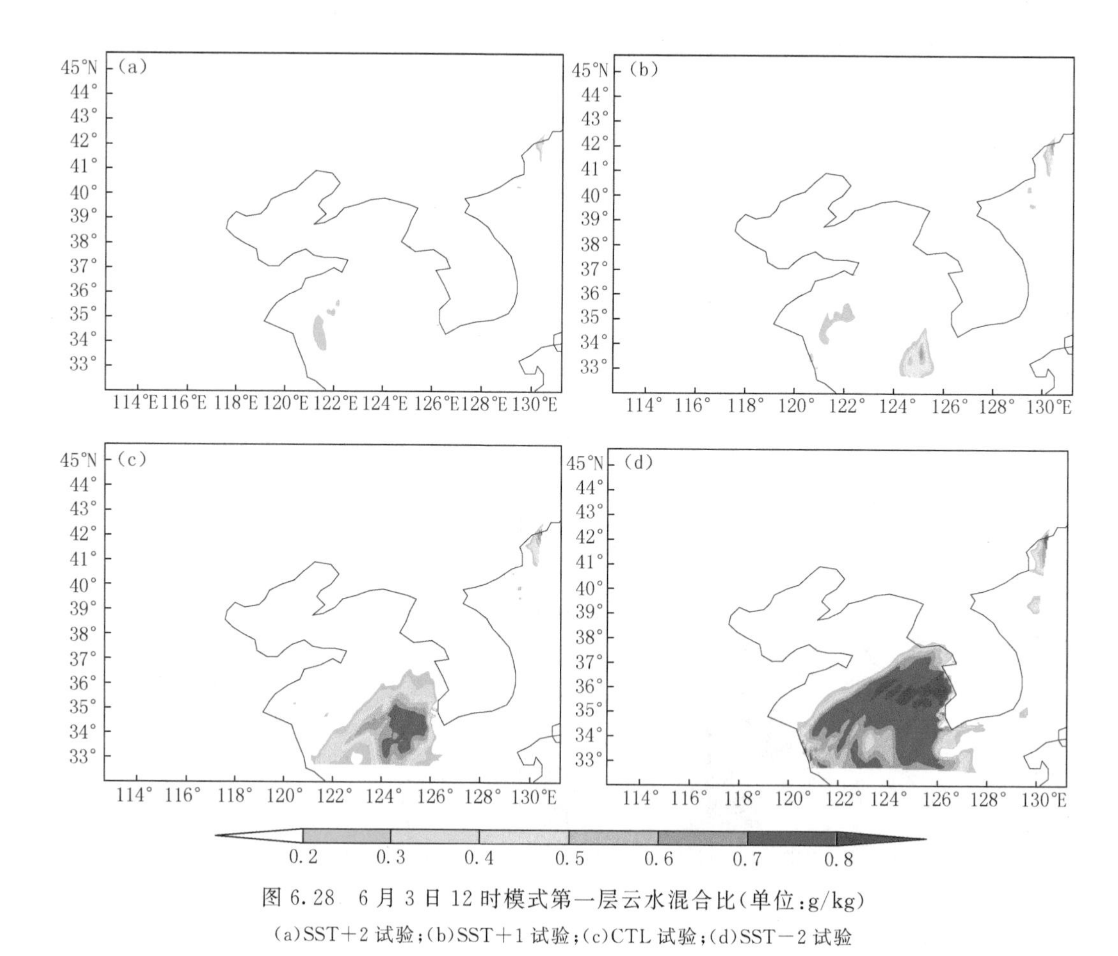

图 6.28　6 月 3 日 12 时模式第一层云水混合比(单位:g/kg)

(a)SST＋2 试验;(b)SST＋1 试验;(c)CTL 试验;(d)SST－2 试验

(2)蒸发雾生成和消散时间

图 6.29a 为 6 月 1 日 20 时海平面升温 2℃(SST＋2 试验)的模式第一层云水混合比的

空间分布图，可以看出相对于控制试验(图 6.22c)，海雾范围偏小，没有模拟出黄海西部(暖海水区)的海雾，20 时后黄海西部的海雾开始逐渐生成(图略)。当海平面温度降低 2℃(SST－2 试验)后，6 月 1 日 20 时黄海西部已经全被雾覆盖，雾区范围比控制试验大。通常来说海温越高，越有利于蒸发雾的生成发展，但是在敏感性试验中，海温升高后(SST＋2 试验)相对于控制试验和 SST－2 试验，黄海西部雾的生成时间反而推迟，这可能因为海温升高以后，浅层的湍流交换作用，使低层的大气增温，不利于蒸发雾的凝结。通过计算，6 月 1 日 20 时 CTL 试验海域内平均温度(海面 2m 温度，下同)为 14.9℃，SST＋2 试验为 17.1℃，SST－2 试验为 13.0℃，可见海温升高 2℃后，气温升高了 2.2℃，而气温的升高不利于蒸发雾的凝结。其他试验有类似结果，这说明，对于暖海水区来说，海表面温度降低后，蒸发雾生成时间提前，降温越大，蒸发雾的生成时间越早；增温后蒸发雾生成时间推迟，升温越大，蒸发雾生成时间越晚。

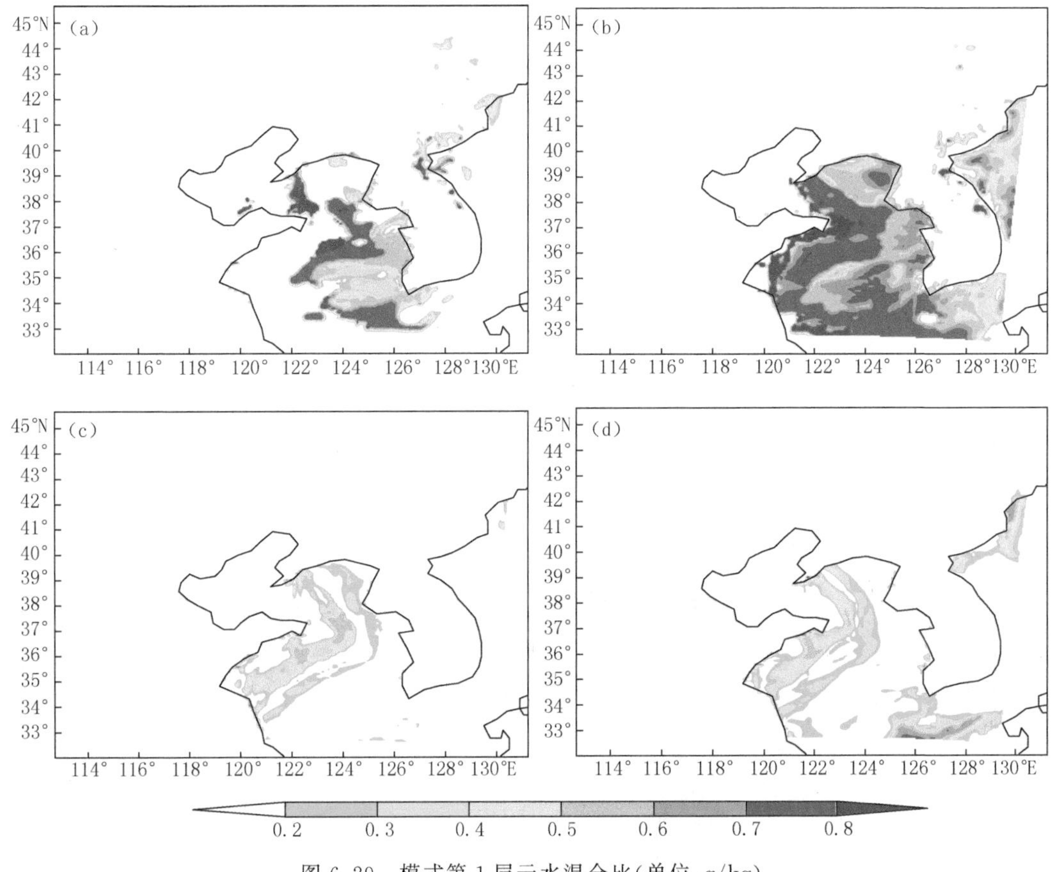

图 6.29　模式第 1 层云水混合比(单位:g/kg)

(a)6 月 1 日 20 时 SST＋2 试验;(b)6 月 1 日 20 时 SST－2 试验;
(c)6 月 2 日 11 时 SST＋2 试验;(d)6 月 2 日 11 时 SST－2 试验

图 6.29c 为 6 月 2 日 11 时 SST＋2 试验模拟的云水混合比，对比 SST－2 试验(图 6.29d)和控制试验(图略)可以看出，海雾的消散大体相当。各试验模拟的云水混合比都是在随着日出后温度的升高而逐渐消散，这说明，海表面温度的改变对蒸发雾的消散影响较小。

6.2.4.2 SST 对海雾的空间分布的影响

图 6.30a、b 为 6 月 1 日 11 时 SST+2 试验和 SST−2 试验的第 1 层云水混合比，可以看出相对于控制试验(图 6.22b)，当海表面温度升高 2℃后，海雾区域明显减小，只在山东半岛东部部分海域有小范围海雾；当海表面温度降低 2℃后，海雾区域明显增大。其他试验有类似结果，这表明降温后海雾面积增大，降温越大，面积增大越大；升温后海雾面积缩小，升温越多，面积减少越多，这和张苏平等(2010)的结论类似。但是张苏平等(2010)的结论认为

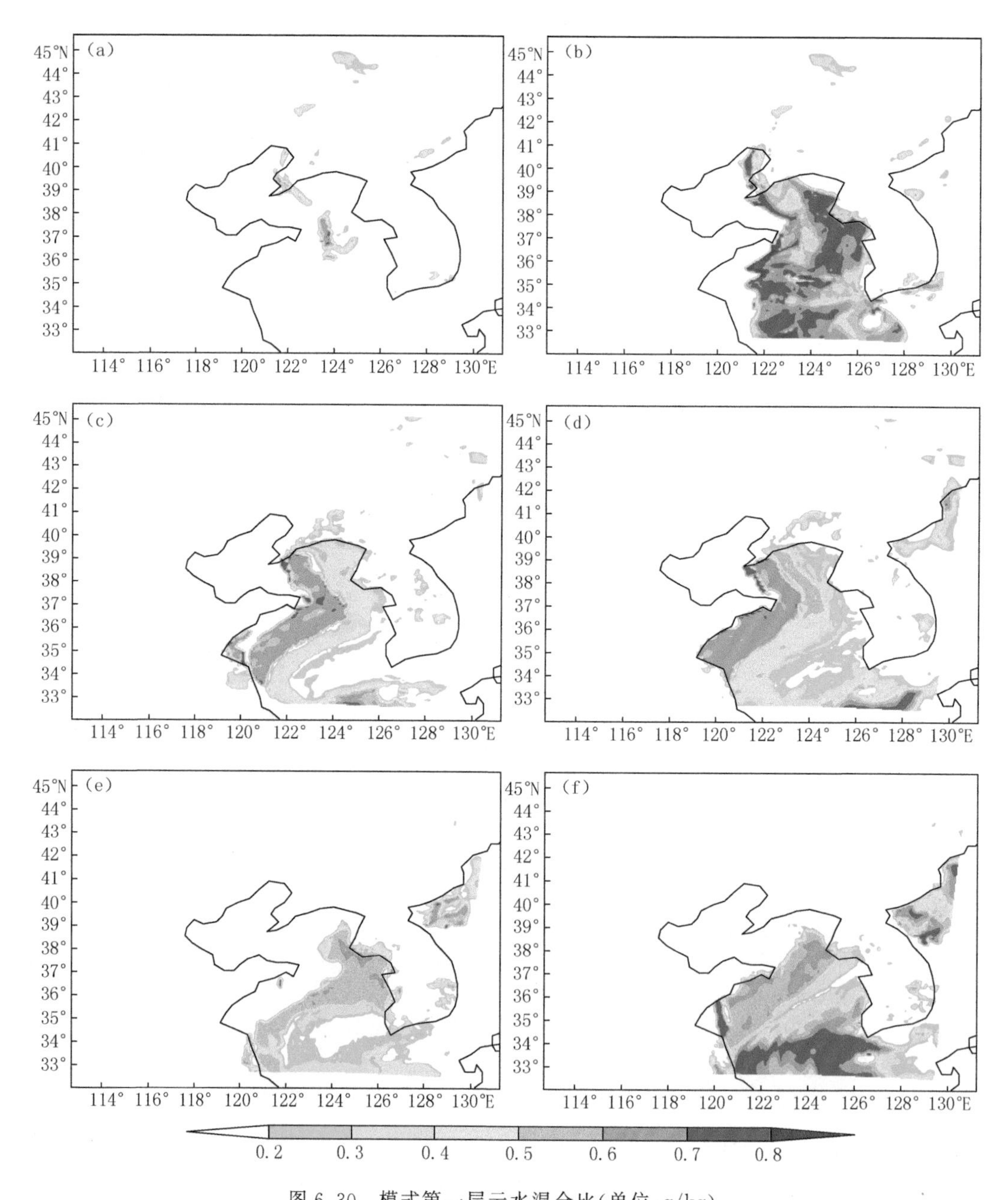

图 6.30 模式第一层云水混合比(单位:g/kg)

(a)6 月 1 日 11 时 SST+2;(b)6 月 1 日 11 时 SST−2;(c)6 月 2 日 08 时 SST+2;(d)6 月 2 日 08 时 SST−2;(e)6 月 3 日 10 时 SST+2;(f)6 月 3 日 10 时 SST−2

在湿度较小的薄海雾区(qcloud<0.5 g/kg),SST 的变化对海雾面积影响较大;在湿度较大的浓海雾区(qcloud>0.6 g/kg),SST 变化,浓海雾仍然维持。这里的结果可以看出,SST 变化后,对薄海雾和浓海雾区均有较大影响。6 月 3 日的平流雾过程(图 6.30e、f)也有类似特点,这里不一一分析。

图 6.29c、d 为 6 月 2 日 08 时 SST+2 试验和 SST−2 试验的第 1 层云水混合比,可以看出相对于控制试验(图 6.21e),海表面温度升高和降低 2℃后,海雾面积变化较小,这说明 SST 的变化对平流雾的影响要大于对蒸发雾的影响。

由以上分析可以看出平流雾对海表面温度 SST 的变化较为敏感,SST 减小,海雾范围增大,降温越大,海雾范围增加越大;SST 增加,海雾范围减小,增温越大,海雾面积越小。而蒸发雾对海表面温度 SST 的变化的敏感性较小,SST 增加或减小,海雾面积变化较小。

6.2.4.3 SST 对海雾面积的影响

某一特定时刻的海雾情况不足以说明 SST 的改变影响海雾的整体情况,为了更加客观地评估海雾对 SST 变化的敏感性,这里统计出 d02 区域内海域上的雾区(qcloud>0.2 g/kg)面积和浓雾区面积(qcloud>0.6 g/kg)(张苏平等,2010)。其他试验与 SST+2 和 SST−2 试验趋势相同,后面重点讨论 SST+2 和 SST−2 试验。

由雾区面积的时间序列(图 6.31)可以看出,除了 6 月 3 日外,不管是雾区面积还是浓雾区面积,各试验存在着明显的日变化特征,均是夜间雾区面积大,白天雾区面积小,一般是 08 时雾区面积开始减小,12—16 时雾区面积最小,16 时后雾区面积开始增大;浓雾区面积则是 06 时左右开始减小,10—15 时最小,15 时后逐渐增大。这和气温的日变化特征相类似,这说明日出后太阳辐射增强,气温升高,雾逐渐消散,中午以后太阳辐射作用减弱,气温下降,雾逐渐生成。

在平流雾的生成期(5 月 31 日晚—6 月 1 日上午),由图 6.31 可以看出,SST−2 试验最先生成雾和浓雾,在模拟后的第 1 个小时就生成了 88200 km^2 的浓雾和 13300 km^2 的雾;CTL 试验次之,在模拟后的第 2 个小时和第 3 个小时分别生成 1000 km^2 的雾和 300 km^2 的浓雾;SST+2 试验生成最慢,在模拟后的第 6 个小时和第 7 个分别生成 100 km^2 的雾和 900 km^2 的浓雾。

为了更加客观地表述 SST 变化对海雾面积影响,这里定义平均增长率(或平均减小率)为:

$$R=(R_{max}-R_{min})/t \tag{6.5}$$

其中 R 为平均增长率(减小率),R_{max} 为生成(消散)时间段内的雾区最大面积,R_{min} 为生成(消散)时间段内的雾区最小面积,t 为最大、最小面积出现的时间间隔。

从雾区面积和浓雾区面积的平均增长率上来看,SST−2 试验的雾区面积和浓雾区面积增长率最大,分别为 24377 km^2/h 和 20750 km^2/h;CTL 试验的次之,分别为 10792 km^2/h 和 4570 km^2/h;SST+2 试验的增长率最小,分别为 2042 km^2/h 和 400 km^2/h。6 月 2—3 日的平流雾过程也有类似特点,这里不一一分析。这在一定程度上说明,海表面温度降低后平流雾生成加快,降温越大,平流雾生成得越快,且强度越强(雾区和浓雾区面积大);增温后海雾生成时间减慢,升温越大,海雾生成越慢,且强度越弱(雾区和浓雾区面积小)。

由于 6 月 1—2 日的平流雾逐渐消散,蒸发雾逐渐生成,难以确定平流雾的消散时间,这里同样分析 6 月 3 日平流雾的日变化特征。由 6 月 3 日平流雾的减弱过程来看,SST+2 试

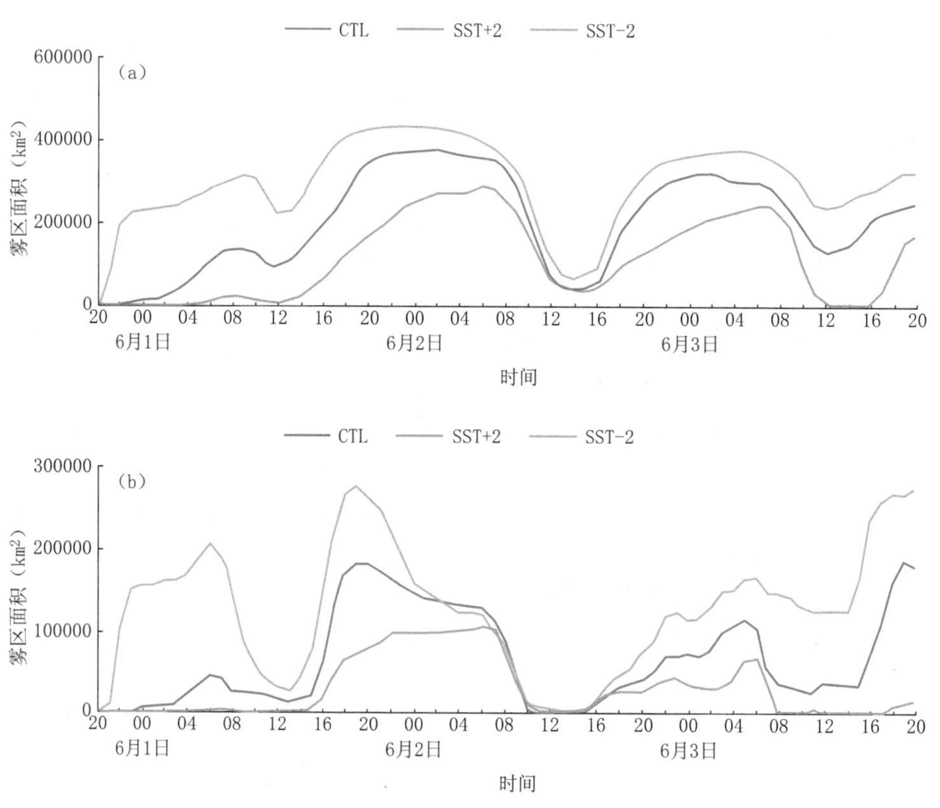

图 6.31　雾区面积的时间序列(单位:km²)
(a.雾区面积;b.浓雾区面积)

验的雾区面积和浓雾区面积的平均减小率最大,分别为 39400 和 34700 km²/h;CTL 试验的平均减小率次之,分别为 26683 和 15033 km²/h;SST－2 试验的平均减小率最小,分别为 21167 和 8140 km²/h。可以看出海温减小后,雾区和浓雾区的平均减小率变小,海温增加后,平均减小率增大。这在一定程度上说明,海表面温度降低后平流雾消散时间推迟,降温越大,海雾的消散时间越晚;增温后海雾消散时间提前,升温越大,海雾消散时间越早。

由图 6.31 可以看出 6 月 1 日 12 时后随着冷空气的侵入、偏南风暖湿气流的减弱,虽然平流雾逐渐消散,但是蒸发雾逐渐增强,总的雾区面积和浓雾区面积仍然呈增加趋势。由于 6 月 1—2 日的平流雾逐渐消散、蒸发雾逐渐生成的过程,平流雾和蒸发雾混合存在,通过雾区面积难以区分出 SST 改变对海雾生成的影响,这里只分析 SST 改变后对蒸发雾消散过程的影响。由 6 月 2 日早上蒸发雾的消散过程可以看出,3 个试验的雾区面积和浓雾区面积变化曲线较近,差距较小,这说明 SST 改变对雾区的面积影响较小。由雾区面积和浓雾区面积的平均减小率来看,SST－2 试验的雾区面积和浓雾区面积的平均减小率为 54120 和 18920 km²/h;CTL 试验的平均减小率分别为 56560 和 22640 km²/h;SST＋2 试验的平均减小率分别为 44200 和 20340 km²/h,雾区面积和浓雾区面积的平均减小率差异较小,这在一定程度上说明 SST 的改变对雾区和浓雾区消散的影响较小。

由平流雾和蒸发雾过程的对比(图 6.31)可以看出,蒸发雾过程中 SST－2 试验、CTL 试验和 SST＋2 试验三者雾区和浓雾区面积的差异要小于平流雾过程,这说明海表面温度

SST改变后，对平流雾的影响要大于对蒸发雾的影响。

整体上看，在整个模拟时间段内不管是雾区面积还是浓雾区面积，SST−2试验都最大，CTL试验次之，SST+2最小，且三者差异较大，这说明SST的改变对模拟的雾的强度和范围有较大影响，SST降低，雾的范围增大，强度增强；SST升高，雾的范围缩小，强度减小。和张苏平等(2010)的结论不同的是，这里的结果表明SST变化后，对薄海雾和浓海雾区面积均有较大影响。

由以上分析可以看出，不管是平流雾还是蒸发雾，都存在明显的日变化特征，对于平流雾来说，太阳辐射减弱后，气温下降，有利于平流降温生成平流雾；对于蒸发雾来说，气温下降后，有利于蒸发雾的凝结。SST改变后对平流雾的生成和消散有较大影响，海表面温度降低后，平流雾的范围增大，强度增强，生成时间提前，消散时间推迟，降温越大，平流雾的生成时间越早，强度越强，消散时间越晚；海表面温度升高后，平流雾范围减小，强度减弱，生成时间推迟，消散时间提前，升温越大，海雾生成时间越晚，强度越弱，消散时间越早。对于蒸发雾来说，SST减小蒸发雾范围增大，强度增强；SST增大，蒸发雾的范围缩小，强度较弱；但是SST的改变对平流雾消散时间的影响较小。总体上来说SST改变后对平流雾的影响要大于对蒸发雾的影响。

6.2.5　影响机理讨论

由区域平均的海气温差的时间序列(图6.32a)可以看出，积分起始时间(5月31日20时)控制试验的气海温差为1.3℃，SST−2试验的为3.3℃，SST+2试验的为−0.7℃(海温高于气温)，随着大气和海面湍流热量的交换，CTL试验和SST−2试验大气温度(图6.32b)降低，SST+2试验大气温度上升，其中SST−2试验气海温差最大，湍流冷却的作用最明显，气温降低最显著，因此在积分1小时后(5月31日21时)就模拟出雾。控制试验因为海面的温度高于SST−2试验，气海温差较小，湍流冷却作用弱于SST−2试验，气温下降较为缓慢，因此生成雾的时间较晚，在积分3小时后(5月31日23时)模拟出雾。

SST+2试验，积分初始时刻海温高于气温，但是因为近海面层为偏南暖湿气流，没有冷却凝结机制，因而没有生成蒸发雾。随着偏南风暖湿气流的输送以及湍流热量的交换，大气温度逐渐升高，气海温差逐步从“负”值转为“正”值，至31日23时，气海温差为0.02℃，气温高于海温，之后气海温差逐步增大，反过来对大气有一个湍流冷却作用。同时海温高于气温时，暖海面的水汽蒸发作用，使更多的水汽进入大气(图6.32c)，因而在积分的7小时后(6月1日03时)模拟出雾。

由6月3日平流雾的消散过程来看，日出后随着太阳辐射的增强，气温升高，当太阳辐射的增温作用大于海面的湍流冷却作用时，平流雾逐渐减弱消散，SST−2试验因为其海面温度最低，气海温差最大(图6.32a)，湍流冷却作用最强，因此海雾消散得最慢，SST+2试验海面温度高，气海温差小，湍流冷却作用弱，所以海雾消散得最快。

由蒸发雾过程来看，6月1日16时后，随着太阳辐射的减弱和冷空气的入侵，大气温度迅速下降(图6.32b)，气海温差逐步从“正”值转为“负”值(图6.32a)，海温高于气温，水汽开始蒸发，同时冷空气入侵、气温下降有利于蒸发的水汽凝结成雾。由图6.32a可以看出，控制试验于6月1日18时转为“负”值，SST+2试验和SST−2试验于19时转为“负”值，时间差距在1小时以内，可见从整体上看SST的改变对蒸发雾的生成时间影响不大。前面分析中表明暖海水区的海表面温度降低后有利于蒸发的水汽的凝结，加速了蒸发雾的生成，这里整体的结果表明海表面温度改变后对整个海域的蒸发雾的生成时间影响较小。

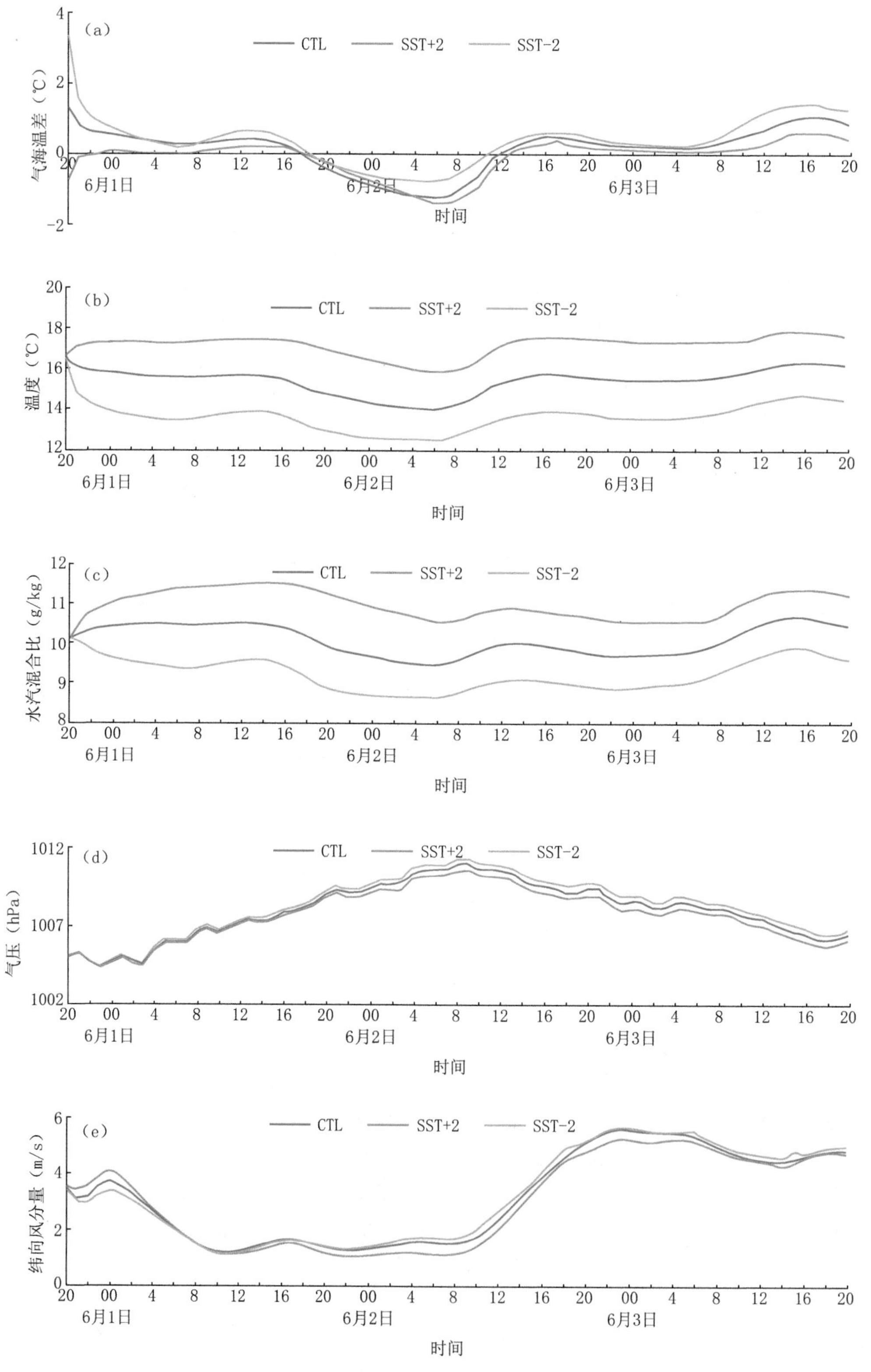

图 6.32　模式第一层各气象要素区域平均值的时间序列

(a)气海温差；(b)温度；(c)气压；(d)水汽混合比；(e)纬向风分量

由 6 月 2 日蒸发雾的消散过程看，日出后太阳辐射增强，气温升高，气海温差逐步从“负”值转为“正”值，海面温度低于大气温度，蒸发雾减弱消散。由图 6.32a 可以看出 SST＋2 试验、控制试验和 SST－2 试验先后与 12 时左右转为“正”值，时间差距在 1 小时以内，可见 SST 的改变对蒸发雾消散时间的影响较小。

由以上分析可以看出，海表面温度降低（升高）后，湍流交换使大气温度同时降低（升高），气海温差由“正”转“负”和由“负”转“正”的时间差别不大，因此对蒸发雾的生成和消散影响较小。

由控制试验海气温差的演变可以看出，5 月 31 日—6 月 1 日 18 时，区域平均气海温差为正值，大气温度高于海表面温度，利于平流雾的生成。6 月 1 日 18 时—6 月 2 日 12 时，区域平均气海温差为负值，海表面温度高于大气温度，利于蒸发雾的生成。6 月 2 日 12 时后气海温差又转为正值，利于平流雾的生成。这也在一定程度上证实了前文关于雾的性质的分析。

由图 6.32 可以看出，在积分的第 2 小时，控制试验的模式第一层的大气温度为 16.1℃，SST＋2 试验的为 17.2℃，SST－2 试验的为 14.9℃，可见 SST 改变后，湍流交换作用可以使气温迅速变化。SST 改变后主要通过湍流交换影响温度从而影响雾的范围、强度和生成时间。湍流交换在影响温度的同时，也对低层湿度（图 6.32c）、气压（图 6.32d）、风（图 6.32e）有重要影响，并且这种影响的时间尺度在 1 小时以内。

由图 6.32e 可以看出，6 月 1 日 12 时—6 月 2 日 12 时，偏南风分量虽然没有小于 0，但是明显较小，这主要是由冷空气入侵、黄海中北部地区转为偏北风导致的。这也在一定程度上证实了前文关于雾的性质的分析。同时可以看出，6 月 1 日 10 时前 SST－2 的偏南风分量最大，SST－2 的最小，这可能和模式的 Spin-up 时间和温压场的调整有关。6 月 1 日 10 时以后，SST－2 试验的偏南风分量逐步大于控制试验和 SST＋2 试验，这可能预示着，海平面温度降低后有利于偏南风暖湿气流的维持和加强。

6.2.6　小结

利用 WRF 模式对 2011 年 5 月 31 日—6 月 3 日的海雾过程进行了模拟并进行了海温的敏感性试验，得到以下主要结论：

（1）本次海雾过程按影响系统主要可以分为三个阶段：5 月 31 日—6 月 1 日主要受大陆低压前部偏南气流影响；6 月 1—2 日随着 850 hPa 和 1000 hPa 槽的先后过境，主要受槽后偏北气流影响；6 月 2—3 日随着海上高压的西伸，主要受海上高压外围偏南气流影响。

（2）模式较好地模拟了 5 月 31 日—6 月 3 日的海雾过程，控制试验结果显示海雾的空间分布和云图较为一致，生消时间的误差在 2 小时以内。按雾的性质分，本次海雾可以分为 3 个过程：5 月 31 日—6 月 1 日和 6 月 2—3 日的海雾过程主要属于暖湿空气流经冷海面的平流冷却雾；6 月 1—2 日的海雾过程属于暖海水受冷空气侵入的蒸发雾。

（3）敏感性试验结果表明 SST 改变对平流雾的生成和消散有较大影响，海表面温度降低后，平流雾的范围增大，强度增强，生成时间提前，消散时间推迟，降温越大，平流雾的生成时间越早，强度越强，消散时间越晚；海表面温度升高后，平流雾范围减小，强度减弱，生成时间推迟，消散时间提前，升温越大，海雾生成时间越晚，强度越弱，消散时间越早。

（4）对于蒸发雾来说，海表面温度降低，蒸发雾范围增大，强度增强；海表面温度升高，蒸发雾的范围缩小，强度减弱。对于暖海水区来说，海表面温度降低后，蒸发雾生成时间提前，降温越大,蒸发雾的生成时间越早;增温后蒸发雾生成时间推迟,升温越大,蒸发雾生成时间越晚,但是整体来说 SST 的改变对蒸发雾生成和消散时间的影响较小。

(5)由雾区面积和浓雾区面积的对比可以看出,海表面温度变化后,对浓海雾区和薄海雾区均有较大影响。由平流雾和蒸发雾的对比可以看出,海表面温度改变后对平流雾的影响要大于对蒸发雾的影响。SST 的改变影响雾的时间尺度在 1 小时以内。

(6)SST 改变后主要通过湍流交换影响温度从而影响雾的范围、强度和生成时间。湍流交换在影响温度的同时,也对低层湿度、气压和风有重要影响,并且这种影响的时间尺度在 1 小时以内。

6.3 黄渤海地区平流雾和蒸发雾的对比分析

经典的海雾理论认为,海雾多为平流冷却雾,即大范围的暖湿空气移经冷海面形成的(孙安健,1985;王彬华,1983)。观测事实表明,平流雾多出现在冷海面水域上空,尤其是沿着气流方向海水表面温度迅速降低的水域,即寒暖流交汇区的冷水面上或水平温度梯度较大的海陆交界地区(王亚男,2009)。研究表明黄海的雾多为平流冷却雾(王彬华,1983;周发绣,1986,2004),大量的研究揭示了该类雾的发生发展过程和物理机制(宋润田等,2001;Koracin et al. ,2005;胡瑞金等,2006)。但是除了在暖湿空气条件下形成的平流冷却雾外,冷空气影响下也偶尔有海雾发生,王亚男等(2009)的研究认为近 20%的冷空气影响下黄、东海出现海雾,这种冷空气流经暖海面时形成的雾称为平流蒸发雾(王彬华,1983;周发绣,1988),和平流冷却雾相对应,属于平流雾的一种。研究表明渤海的平流蒸发雾多于平流冷却雾(何乃光,1981;曲平,2014)。

可见平流蒸发雾也是我国黄、渤海地区经常出现的一种海雾,但是目前关于海雾的研究,学者对平流冷却雾的研究较多,而对平流蒸发雾的研究较少,关于平流冷却雾和平流蒸发雾具体个例的对比分析尚未见到。虽然海雾是在海洋下垫面影响下通过增湿和降温使空气达到饱和而形成的(王彬华,1983),但是对于平流蒸发雾和平流冷却雾来说,一个是冷的下垫面,一个是暖的下垫面,其形成的大气物理条件及物理过程必定不同。平流冷却雾和平流蒸发雾在近海海洋大气边界层(MABL)温湿结构上有何异同,在生成机制上有何差异?这对我们进一步提高对海雾的认识有重要的参考意义。

本节利用 WRF 模式从 MABL 温湿结构特征及海雾生成机制等方面对平流冷却雾(2016 年 3 月 2—5 日)和平流蒸发雾(2012 年 3 月 27—29 日)进行数值模拟与对比分析,以加深对不同类型海雾形成物理过程的理解。

6.3.1 模式及试验方案简介

这里选取的模式为 WRF V3.8.1 版。采用 NCEP 提供的 FNL 客观分析资料作为模式的初始场及边界条件。平流冷却雾积分时刻为 2016 年 3 月 02 日 06:00UTC—5 日 12:00UTC(协调世界时,下同),边界条件每 6 h 更新,积分时间 78 h,前 6 小时为模式 Spin-up 时间,具体分析后 72 小时的模拟结果。平流蒸发雾积分时刻为 2012 年 3 月 27 日 00:00UTC—29 日 06:00UTC,边界条件每 6 小时更新,积分时间 54 小时,前 6 小时为模式 Spin-up 时间,具体分析后 48 小时的模拟结果。

本试验采用双重双向嵌套,区域范围、参数设置及模式物理参数化方案选项见表 6.6。

如不做特别说明，下面分析中均为对 d02 区域的模拟结果进行分析。

表 6.6　模式设置参数表

<table>
<tr><td rowspan="2">区域与选项</td><td colspan="2">设　置</td></tr>
<tr><td>d01</td><td>d02</td></tr>
<tr><td rowspan="5">区域与分辨率</td><td colspan="2">双重嵌套、Lambert 投影</td></tr>
<tr><td colspan="2">中心点(39°N、122°E)</td></tr>
<tr><td>格点数 100×100</td><td>格点数 142×142</td></tr>
<tr><td>30km</td><td>10km</td></tr>
<tr><td colspan="2">垂直分辨率 43η 层
η=1.0000，0.9975，0.9970，0.9922，0.9820，0.9722，0.9622，0.9522，0.9444，0.9167，0.8889，0.8611，0.8333，0.8056，0.7778，0.7500，0.7222，0.6944，0.6667，0.6389，0.6111，0.5833，0.5556，0.5278，0.5000，0.4722，0.4444，0.4167，0.3889，0.3611，0.3333，0.3056，0.2778，0.2500，0.2222，0.1944，0.1667，0.1389，0.1111，0.0833，0.0556，0.0278，0.0000</td></tr>
<tr><td>积分步长</td><td>180s</td><td>60s</td></tr>
<tr><td>边界层方案</td><td colspan="2">YSU 方案(Hong，Noh and Dudhia，2006，MWR)</td></tr>
<tr><td>积云方案</td><td colspan="2">Kain-Fritsch 方案(Kain 2004，JAM)</td></tr>
<tr><td>微物理方案</td><td colspan="2">Lin 方案(Lin，Farley and Orville 1983，JCAM)</td></tr>
<tr><td rowspan="2">辐射方案</td><td colspan="2">长波辐射：RRTM 方案(Mlawer et al. 1997，JGR)</td></tr>
<tr><td colspan="2">短波辐射：Dudhia 方案(Dudhia 1989，JAS)</td></tr>
<tr><td>陆面过程</td><td colspan="2">Noah 陆面过程</td></tr>
</table>

这里垂直方向上采用 η 坐标(地形伴随坐标)，850 hPa 以下各层对应的海拔高度分别大约为：0，10，22，44，106，188，270，355，430，585，830，1080，1340 m。

6.3.2　天气形势分析

平流冷却雾发生前，2016 年 3 月 2 日 00：00UTC(图 6.33a)，1000 hPa 上黄、渤海位于海上高压后部和大陆低压前部，风向以偏南风为主，偏南风有利于将南方洋面上的水汽输送到黄渤海地区，为海雾的形成提供水汽条件(王厚广等，1997；张红岩等，2005)，属于典型的平流冷却雾形势；中低空(925—700 hPa)(图略)受低压槽前偏西气流控制。3 月 5 日 06：00UTC(图 6.33b)，随着冷空气由北至南影响黄渤海海域，黄渤海海域上空逐渐转为槽后偏北气流，海雾由北至南逐渐消散。

平流蒸发雾发生前，2012 年 3 月 27 日 00：00UTC(图 6.33c)，1000 hPa 上黄渤海同样位于海上高压后部和大陆低压前部。随着大陆低压的东移，28 日 00：00UTC(图 6.33d)低压后部冷空气侵入，蒸发雾逐渐生成。随着日出后太阳辐射的增强，蒸发雾逐渐消散。

由以上分析可以看出平流雾和蒸发雾发生前天气形势相似，低层都位于海上高压后部和大陆低压前部，偏南风的暖湿气流输送了大量的水汽到黄、渤海地区，为海雾的生成提供了有利的水汽条件；不同的是平流雾随着冷空气的侵入而逐渐消散，蒸发雾随着冷空气的侵入而逐渐生成。

由于 NCEP 再分析资料时间的不连续性及空间上的局限性，无法准确地描述两次海雾的生消过程，下面重点分析模式的模拟结果。对于平流冷却雾的相关研究较多，本节重点分析 2012 年 3 月 27—29 日的平流蒸发雾过程，在此基础上，与 2016 年 3 月 2—5 日的平流冷却雾过程进行对比。

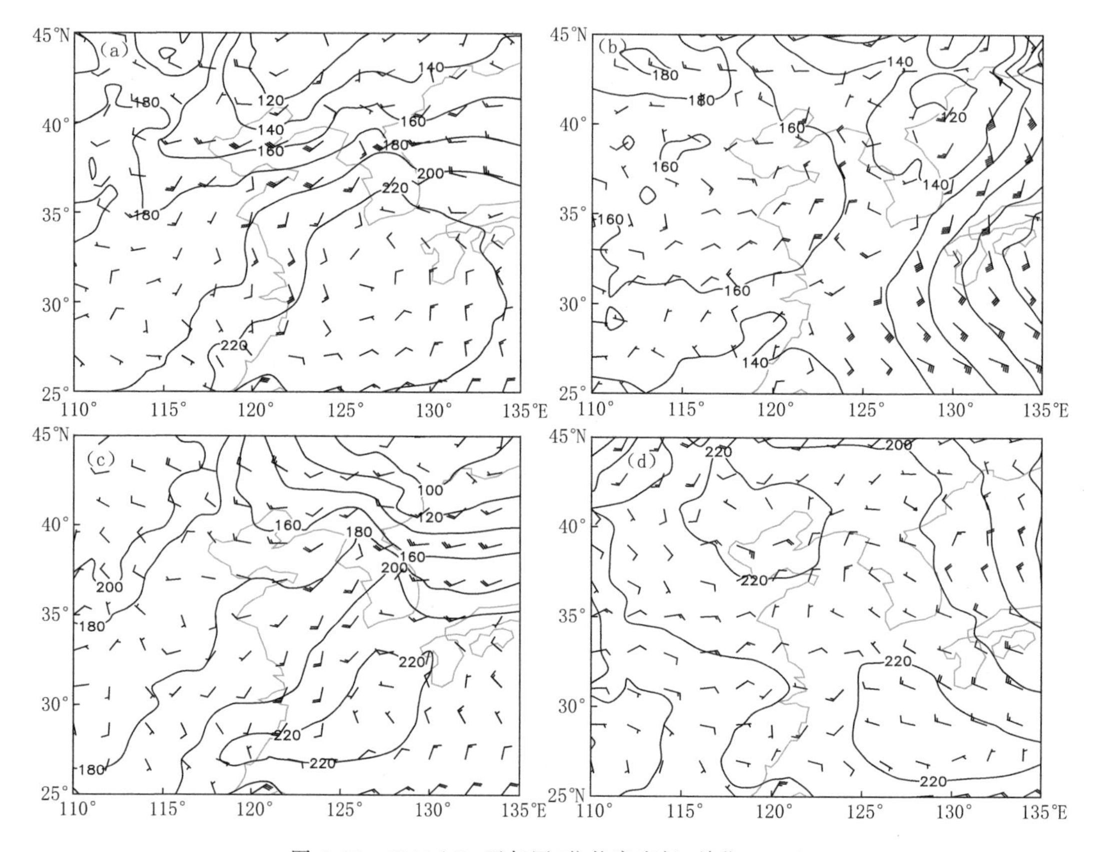

图 6.33　1000 hPa 天气图(位势高度场，单位：gpm)

(a)2016 年 3 月 2 日 00:00UTC；(b)2016 年 3 月 5 日 06:00UTC；

(c)2012 年 3 月 27 日 00:00UTC；(d)2012 年 3 月 28 日 00:00UTC(资料来自 NCEP)

6.3.3　模拟结果分析

(1)海雾的空间分布

由图 6.34 中云图的演变可以看出，2016 年 3 月 3 日 08:00UTC(图 6.34a)，辽东半岛东部贴近朝鲜半岛的黄海大部海域弥漫着浓度较强的海雾，之后海雾一直维持。3 月 5 日随着冷空气的影响，海雾逐渐消散(图 6.34b)，黄海地区上空被浓密的白色云区覆盖。

由 2012 年 3 月 28 日 02:00UTC 的云图(图 6.34c)可以看出，海雾主要分成两部分，一部分是辽东半岛东部贴近朝鲜半岛海域的海雾，另一部分是江苏东部海域的海雾，两部分之间为透光的白色云区。随着日出后太阳辐射的增强，海雾逐渐抬升为低云(图略)。

张苏平等(2010)通过计算，认为在能见度小于 1 km 的条件下，云水混合比约大于 0.2 g/kg，本文即用云水混合比大于 0.2 g/kg 作为海雾的判定标准。

图 6.35 是模式第一层云水混合比。由图 6.35a 可以看出平流冷却雾生成与加强阶段，模式模拟的雾区和云图(图 6.35a)较为相似，较好地模拟出了辽东半岛以东贴近朝鲜半岛的海雾，只是和云图相比范围偏小，山东半岛南部的海雾范围偏大。由图 6.35b 可以看出平流

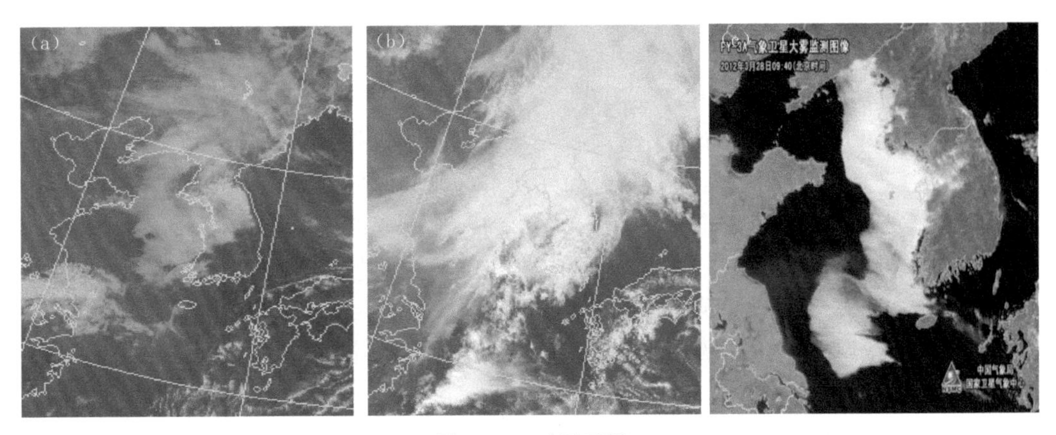

图 6.34　卫星云图

(a)2016 年 3 月 3 日 00:00UTC;(b)2016 年 3 日 5 时 06:00UTC;(c)2012 年 3 月 28 日 02:00UTC

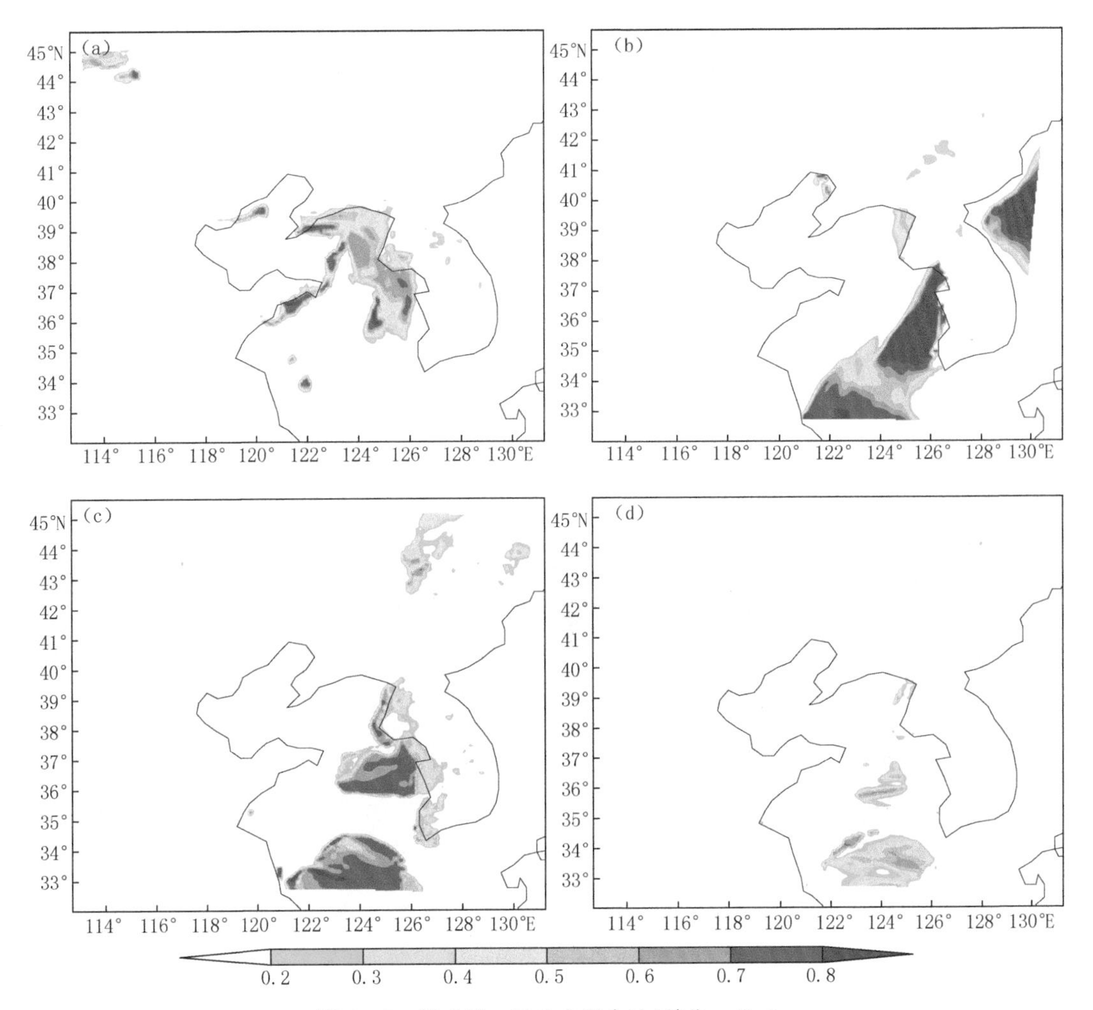

图 6.35　模式第一层云水混合比(单位:g/kg)

(a)2016 年 3 月 3 日 00:00UTC;(b)2016 年 3 月 5 日 06:00UTC;

(c)2012 年 3 月 28 日 02:00UTC;(d)2012 年 3 月 28 日 06:00UTC

冷却雾消散阶段，随着冷空气的影响，海雾从北至南逐渐消散抬升，对比同时刻的云图（图6.35b），黄海海域上空被白色云区覆盖，黄海海域的海雾从北至南消散。总体来说模式较好地模拟出此次平流雾的生消过程。

由图6.35c可以看出，平流蒸发雾生成与维持阶段，模式模拟的雾区和云图（图6.35c）较为一致，较好地模拟出了朝鲜半岛附近和江苏东部海域两部分海雾，同时较好地模拟出了日出后蒸发雾逐渐减弱消散的过程，只是辽东半岛东部海域模拟的海雾范围比云图偏小，江苏东部海域模拟的海雾范围偏大。总体来说模式较好地模拟出了此次蒸发雾的生消过程。

从两者的对比上看，平流蒸发雾的浓度要大于平流冷却雾；平流蒸发雾的日变化明显，平流冷却雾虽然也有一定的日变化，但是相对平流蒸发雾来说日变化不明显，主要随暖湿气流的减弱而减弱。

(2)海气温差分析

海气温差是影响海雾形成的重要因素，较冷的海温场是平流冷却雾产生的基本条件，而较暖的海温场是平流蒸发雾产生的基本条件。对于平流冷却雾来说，若海表面温度SST过高，空气露点温度低于其下的水面温度，空气难以达到饱和状态则不能凝结成雾；若气温SAT过高，低层空气稳定，不利于向上发展形成一定厚度的雾。对于平流蒸发雾来说，若海表面温度SST过高，暖海面通过湍流交换向大气输送热量，温暖低层大气，这是一个增温的过程，不利于海雾的形成；若气温SAT过高，海气温差较小，水面饱和水汽压和大气水汽压差距较小，不利于海面蒸发的水汽向空中输送，同样不利于海雾的形成。

由模式输出的海气温差场（海面温度减去10 m高度处的气温）可以看出，在模式积分的初始时刻2016年3月2日00:00 UTC（图略），黄渤海海域海气温差为负值，差值在−5～−1℃，随着湍流交换的进行，近海面大气气温逐渐下降，海气温差逐渐缩小，海雾逐渐生成，至2016年3月3日08:00 UTC，海气温差（图6.36a）在−3.5～0℃，对比同时刻模拟的云水混合比（图6.35a），海雾主要发生在海气温差在−3～−0.5℃的海域。Cho等(2000)认为1～3℃的气海温差最适合海雾的形成和发展，王彬华(1983)总结出中国近海平流冷却雾的气—水温差范围为0.5～3.0℃，这里数值模拟的结果也证实了这一结论。

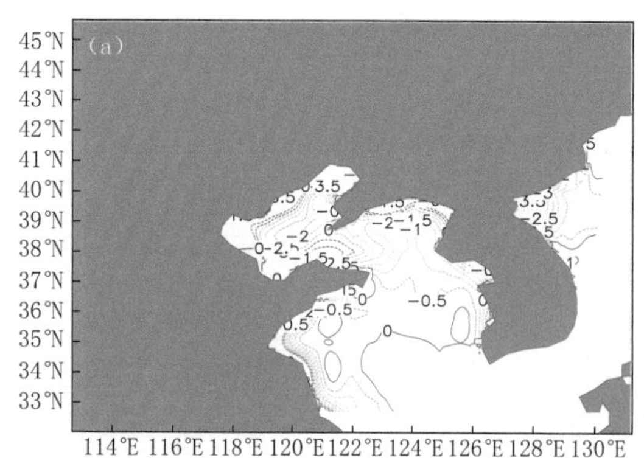

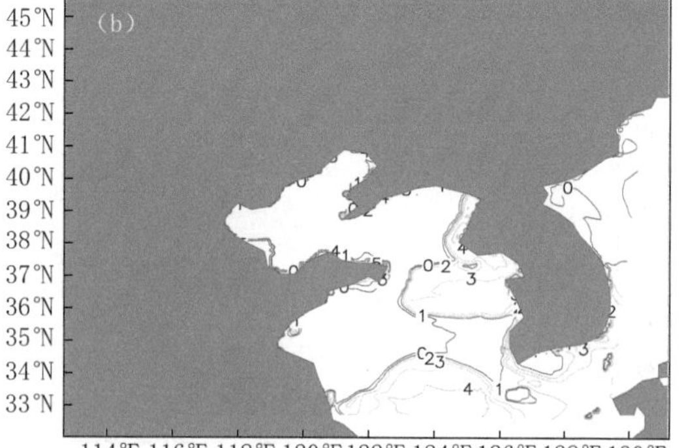

图6.36　海气温差场（单位：℃）

(a)2016年3月3日00:00UTC；(b)2012年3月28日02:00UTC

由3月27日06:00 UTC的海气温差（图略）可以看出，在模式积分的初始时刻，黄渤海海域内的海气温差在−0.5～0.5℃之间，海气温差较小，这也是3月2日虽然偏南的暖湿气流较强,但是没有产生海雾的原因。随着冷空气的入侵,气温迅速下降,黄渤海海域内的海气温差迅速升高,3 月 28 日 02:00UTC(图 6.36b),海域内海气温差为 0～4℃,对比同时刻模拟的云水混合比(图 6.35b),可以看出海雾主要发生在海气温差 2～4℃ 的海域,这表明 2～4℃ 海气温差适合平流蒸发雾的形成和发展。

(3)湍流和层结稳定度特征

由图 6.37a 可以看出,2016 年 3 月 3 日 00:00 UTC,海雾的雾顶高度在 100～150 m,近海面层的云水混合比较小,除 124.7°E 以西部分区域外,云水混合比都在 0.4 g/kg 以下,但是 100 m 左右的云水混合比反而要大于低层。这表明平流冷却雾,雾层较厚,但是低层雾的浓度要小。

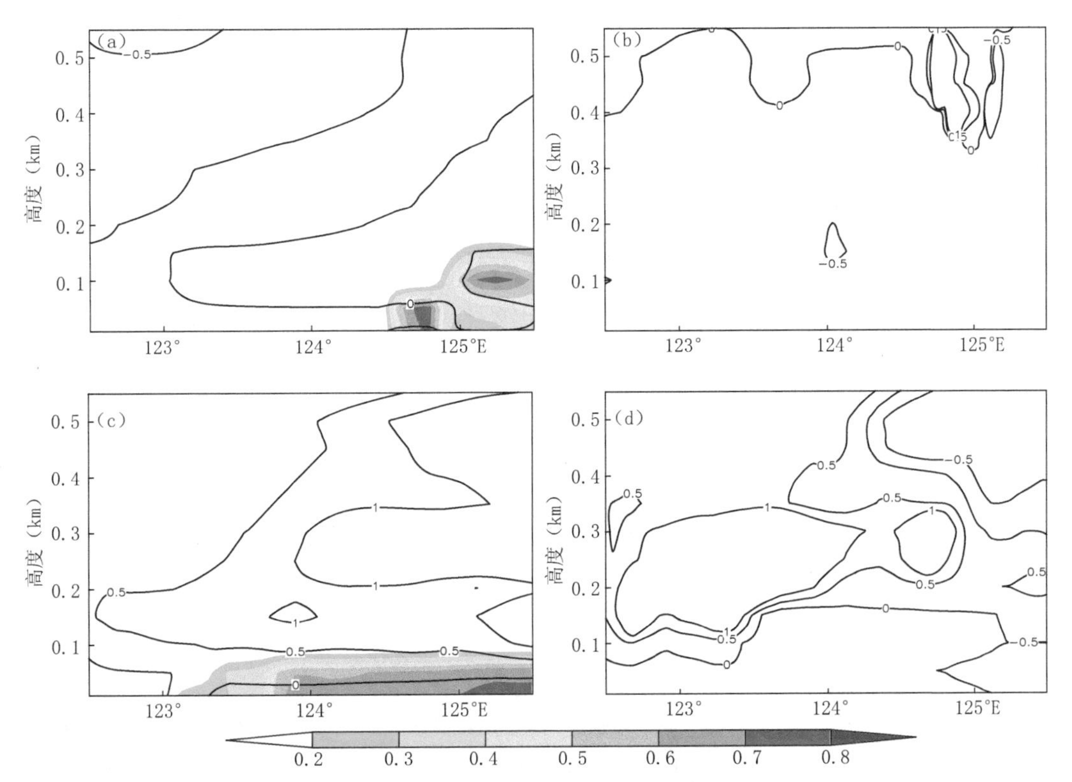

图 6.37　云水混合比(阴影,单位:g/kg)和 Ri 数(等值线)沿 36.5°N 垂直剖面

(a)2016 年 3 月 3 日 00:00 UTC;(b)2016 年 3 月 5 日 06:00 UTC;

(c)2012 年 3 月 28 日 02:00 UTC;(d)2012 年 3 月 28 日 04:00 UTC

由 2012 年 3 月 28 日 02:00 UTC 的云水混合比的剖面图(图 6.37c)可以看出,海雾的雾顶高度在 80 m 以下,近海面云水混合比较大,大部分区域在 0.6 g/kg 以上,从低到高逐渐减弱。这说明平流蒸发雾雾层较薄,但是低层雾的浓度要大。

由两者的对比可以看出,平流冷却雾雾顶高度高,雾层厚,但是近海面层雾的浓度低;而平流蒸发雾雾顶高度低,雾层薄,但是近海面层雾的浓度高。

一般用 Richardson 数(Ri 数)来表征湍流,Ri 数的意义为波反抗重力的铅直运动作功与切变气流内的可用动能之间比值的大小,一般 Ri 数值愈小甚至 $Ri<0$,湍流易发展,究竟临界的 Ri 数是多少,目前并无定论,比较公认的是 $Ri_{(临界)}=1/4$,从能量观点看,一旦湍流在

切变内形成，只要 $Ri \leqslant 1$，湍流就能维持下去（北京大学大气物理学编写组，1987）。张苏平（2010）在对海雾的分析中认为 $Ri<1$，湍流即可维持或发展。

由理查森数的垂直剖面图（图 6.37）可以看出，平流冷却雾和平流蒸发雾生成和维持期间（图 6.37a 和图 6.37c），海面上空 MBAL 内理查森数都在 1 以内，这说明两者 MBAL 层内都存在明显的湍流动能。其中平流冷却雾主要发生在 Ri 数 0～0.5 的区域，平流蒸发雾主要发生在 $Ri<0.5$ 的区域，平流蒸发雾浅层的湍流要强于平流冷却雾。

海雾消散阶段，两者 $Ri<0$ 的高度明显抬高（图 6.37b 和图 6.37d），湍流增强破坏近海面逆温层（图 6.40b 和图 6.40d），随着湍流层向上发展，高湿层（图 6.40d）也向上发展，湿度向上扩散，雾逐渐消散。由两者的对比可以看出，平流冷却雾湍流向上发展得更高。

由假相当位温的垂直剖面（图 6.38）可以看出，平流冷却雾和平流蒸发雾生成和维持期间（图 6.38a 和图 6.38c），海雾主要发生在 $\partial\theta_{se}/\partial z>0$ 即层结稳定的区域。

海雾消散阶段（图 6.38b 和图 6.3.6d），平流冷却雾 MABL 内 $\partial\theta_{se}/\partial z<0$，层结不稳定；平流蒸发雾 100 m 以下层结不稳定。

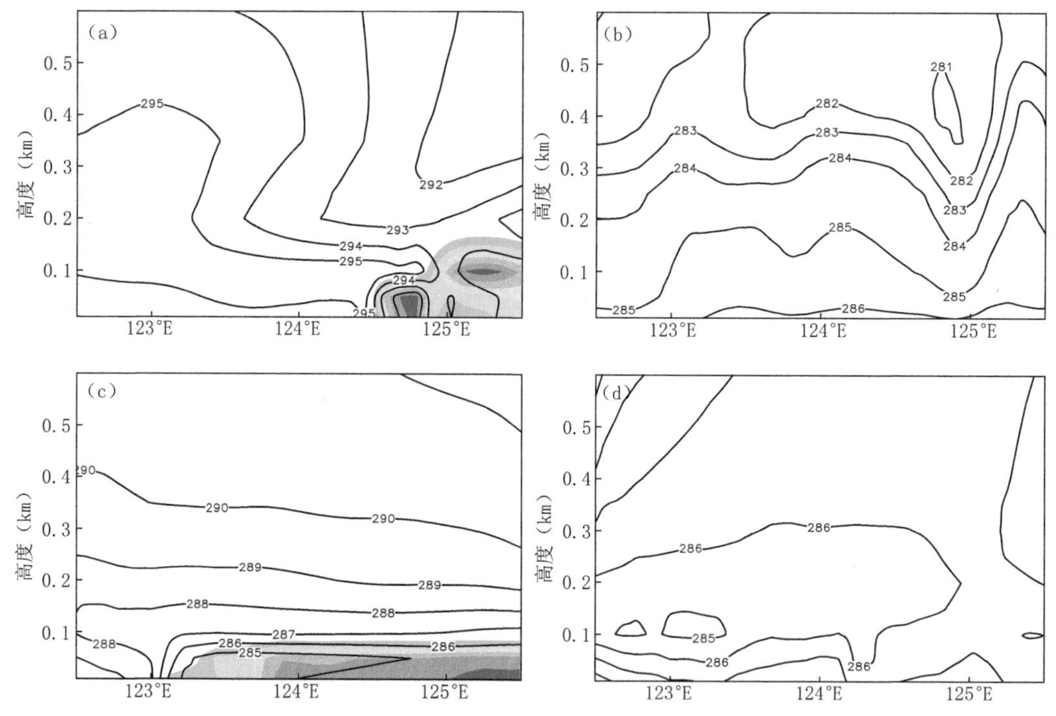

图 6.38　云水混合比（阴影，单位：g/kg）和假相当位温（等值线）沿 36.5°N 垂直剖面

(a)2016 年 3 月 3 日 00:00 UTC；(b)2016 年 3 月 5 日 06:00 UTC；

(c)2012 年 3 月 28 日 02:00 UTC；(d)2012 年 3 月 28 日 04:00 UTC

由以上分析可以看出，不管是平流冷却雾还是平流蒸发雾都发生在层结稳定的 MABL 内，浅层都存在明显的湍流，其中平流蒸发雾浅层的湍流强度要强于平流冷却雾；海雾消散阶段，两者均是湍流增强且向上发展，逆温层被破坏，湿度向上扩散，大气层结变得不稳定。

（4）MABL 温湿场特征

海雾和其他雾一样，它的生成过程是低层近海面的空气逐渐饱和或过饱和而凝结的过程，海雾的生成主要要有增湿和冷却两个过程（周发琇，1988）。在各种因素中，水汽是海雾形成的物质基础。一些研究表明，海表相对湿度以及低层大气相对湿度达到 90%以上，最有利于黄海和渤海出现平流雾的大气物理条件（宋晓姜等，2011；王玉国等，2013；曲平，2014）。

由模式第一层风场及相对湿度分布图（图 6.39）可以看出，平流冷却雾生成与维持阶段，2016 年 3 月 3 日 00:00 UTC（图 6.39a），黄、渤海地区盛行较强的偏南风，偏南风源源不断地将暖湿气流输送到黄、渤海地区，为平流冷却雾的形成提供了充足的水汽，对比图 6.39a 可以看出，雾区的相对湿度都在 95%以上。平流冷却雾消散阶段，3 月 5 日 06:00 UTC 后（图略），随着冷空气的影响，黄渤海地区从北至南相对湿度先后降至 50%以下，海雾从北至南逐渐消散（图 39b）。

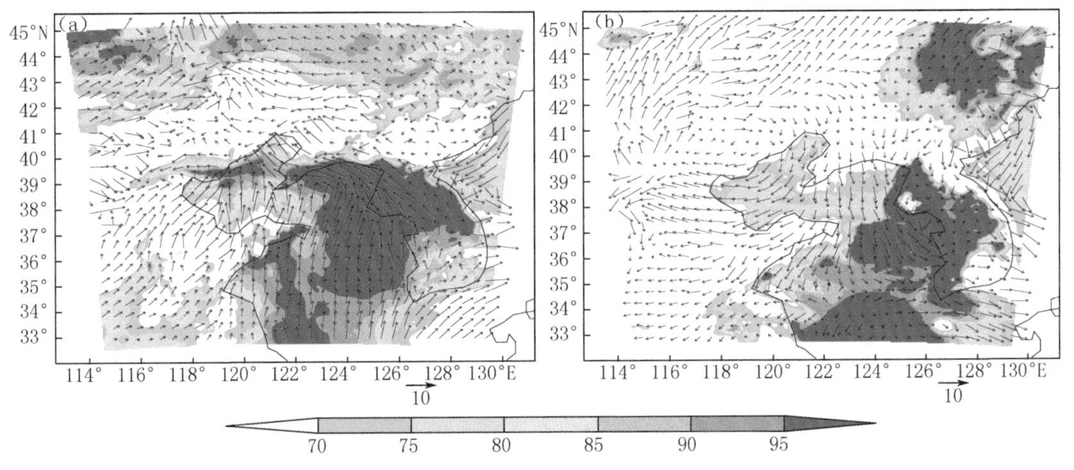

图 6.39　模式第 1 层风场（单位：m/s）和相对湿度（单位：%）

(a)2016 年 3 月 3 日 00:00 UTC；(b)2012 年 3 月 28 日 02:00 UTC

由 2012 年 3 月 28 日 02:00 UTC 的相对湿度（图 6.39b）可以看出，平流蒸发雾生成与维持阶段，虽然黄渤海地区受冷空气影响盛行较强的偏北风，但是雾区的相对湿度仍然较大，维持在 95%以上，这主要是由于暖海面的水汽蒸发作用，当冷空气流经暖海面时，海温 SST 高于气温，海面饱和水汽压大于空气所具有的水汽压，因而从海面蒸发的水汽不断向空气中输送，最终使低层水汽饱和。

平流蒸发雾消散阶段（图略），随着日出后太阳辐射的增强，气温的上升，相对湿度逐渐减小，海雾逐渐减弱消散。这主要是因为太阳辐射作用会使低层升温，升温后海气温差减小，海面饱和水汽压和空气所具有的水汽压差减小，会减弱海面的蒸发作用，最终使相对湿度逐渐减小。

暖的海洋下垫面主要有两个作用，一个是海面蒸发的水汽不断向空气中输送的增湿过程，同时水汽蒸发会吸收热量，使增温作用减弱；一个是湍流交换向大气输送热量的增温过程，增温作用使低层大气增温，海气温差减小，减弱蒸发作用。增湿过程有利于海雾的形成，增温过程不利于海雾的形成。当蒸发作用大于显热输送时，最终使空气饱和而生成海雾；当增温作用大于蒸发作用时，最终使海雾减弱消散。

日出后太阳的辐射作用会加速低层大气增温，低层大气增温后海气温差缩小，蒸发作用减弱，水汽蒸发吸收的热量减少，增温作用增强，低层大气继续增温，海气温差继续缩小，这样会在气温和海面的增温作用之间产生“正”反馈作用，最终使增温作用大于蒸发作用，海雾逐渐减弱消散；太阳辐射减弱后，气温下降，海气温差增大，蒸发作用增强，水汽蒸发吸收的热量增加，增温作用减弱，海气温差继续增大，这样在气温和蒸发作用之间产生“负”反馈作用，最终使蒸发作用大于增温作用，海雾逐渐生成。这也是平流蒸发雾具有较强日变化的原因。

由两者的对比可以看出，平流冷却雾的水汽来源主要是偏南的暖湿气流提供的水汽，平流蒸发雾主要是暖海面的水汽蒸发提供水汽；平流冷却雾主要受海洋下垫面的湍流降温的影响，而平流蒸发雾受海洋下垫面增湿和增温两个物理过程的影响，物理过程更加复杂。

由相对湿度和温度的垂直剖面可以看出，2016 年 3 月 3 日 00:00 UTC（图 6.40a），海雾生成与维持阶段，受偏南的暖湿气流影响，雾区上空相对湿度在 95% 以上，但是水汽主要集中在 150 m 以内，甚至 100 m 以内，200 m 以下有明显逆温层。这主要是因为冷海面和暖气流之间的湍流交换作用，使得低层大气迅速降温，从而在 MABL 中形成明显逆温层，逆温层的存在使得低层水汽不能向上输送，为海雾的形成提供了良好的温湿条件。海雾消散阶段（图 6.40b），随着冷空气的侵入，逆温层消失，相对湿度迅速下降，海雾消散。

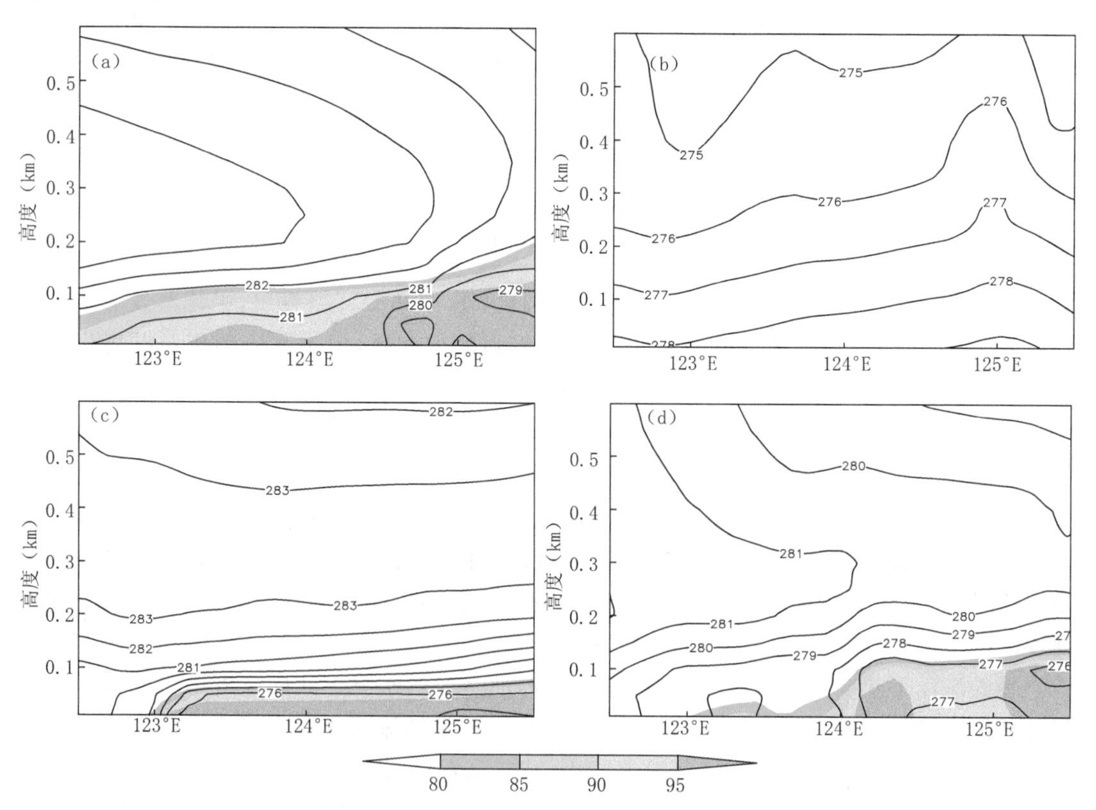

图 6.40　温度场（等值线，单位：k）和相对湿度（阴影，单位：%）沿 36.5°N 垂直剖面

(a)2016 年 3 月 3 日 00:00 UTC；(b)2016 年 3 月 5 日 06:00 UTC；

(c)2012 年 3 月 28 日 02:00 UTC；(d)2012 年 3 月 28 日 04:00 UTC

由 2012 年 3 月 28 日 02:00 UTC 的相对湿度(图 6.40c)可以看出,海雾生成与维持阶段,水汽主要集中在 50 m 以下,200 m 以下也存在明显的逆温层。2016 年 3 月 5 日(平流冷却雾消散阶段)受冷空气影响,逆温层消散,相对湿度下降,而平流蒸发雾过程中受冷空气影响,逆温层生成,这主要是受较暖的海洋下垫面的影响。平流蒸发雾过程中,冷空气降低了海面上空的大气温度,使得海气温差增大,气温和蒸发作用之间的"负"反馈作用使得暖海面的蒸发作用增强,增温作用减弱,蒸发作用在增湿的同时也使低层降温,最终在海面上空形成逆温层,逆温层的存在又阻止了水汽的向外扩散,为蒸发雾的形成提供了较好的温湿条件。海雾消散阶段(图 6.40d),随着日出后太阳辐射的增强,气温升高,气温和增温作用之间的"正"反馈作用,使得增温作用增强,气温进一步增高,逆温层逐渐被破坏,水汽向上扩散,同时气温和蒸发作用之间的"负"反馈作用又使蒸发的水汽减少,最终使低层相对湿度减弱,海雾消散。

由两者的对比可以看出,蒸发雾的水汽主要集中在 50 m 以内,而冷却雾的水汽主要集中在 100 m 以内;两者逆温层厚度相当,但是蒸发雾逆温层的强度达到 0.04 K/m,而冷却雾的逆温层强度为 0.02 K/m,蒸发雾的逆温层强度明显大于冷却雾。这表明蒸发雾过程中较强的逆温层将水汽"压"在离海面更低的高度,这也是蒸发雾浓度高于冷却雾但是厚度小于冷却雾的主要原因。

6.3.4　小结

利用 WRF 中尺度模式,对一次平流蒸发雾和平流冷却雾过程进行了数值模拟和对比分析,探讨了两种不同类型海雾过程中 MABL 温湿结构特征及海雾生成机制,得出如下主要结论:

(1)平流雾和蒸发雾发生前天气形势相似,低层都位于海上高压后部和大陆低压前部,偏南风的暖湿气流输送了大量的水汽到黄、渤海地区,为海雾的生成提供了有利的水汽条件;不同的是平流冷却雾随着冷空气的侵入而逐渐消散,平流蒸发雾随着冷空气的侵入逐渐生成。

(2)造成这种差别的主要原因是两次海雾过程的海气温差的差异,模拟结果再次证明了平流冷却雾的海气温差的范围为−3.0～−0.5℃。同时模拟结果还表明 2～4℃海气温差适宜平流蒸发雾的生成和发展。

(3)湍流和层结稳定度的分析表明,平流冷却雾和平流蒸发雾都发生在层结稳定的 MABL 内,浅层都存在明显的湍流,其中平流蒸发雾浅层的湍流强度要强于平流冷却雾;海雾消散阶段,两者均是湍流增强且向上发展,逆温层被破坏,湿度向上扩散,大气层结变得不稳定。

(4)平流冷却雾的水汽来源主要是偏南的暖湿气流提供的水汽,平流蒸发雾主要是暖海面的水汽蒸发提供水汽;平流冷却雾主要受海洋下垫面的湍流降温的影响,而平流蒸发雾受海洋下垫面增湿和增温两个物理过程的影响,物理过程更加复杂。

(5)暖的海洋下垫面主要有两个作用,一个是海面蒸发的水汽不断向空气中输送的增湿过程,一个是湍流交换向大气输送热量的增温过程,增湿过程有利于海雾的形成,增温过程不利于海雾的形成。当蒸发作用大于显热输送时,最终使空气饱和而生成海雾;当增温作用大于蒸发作用时,最终使海雾减弱消散。

(6)气温变化和海面的增温作用之间存在"正"反馈作用,和蒸发作用之间存在"负"反馈作用,这也是平流蒸发雾具有较强日变化的原因。

(7)平流蒸发雾的水汽主要集中在50m以内,而平流冷却雾的水汽主要集中在100m以内;两者逆温层厚度相当,但是蒸发雾的逆温层强度明显大于冷却雾。平流蒸发雾过程中较强的逆温层将水汽"压"在离海面更低的高度,使得蒸发雾浓度大于冷却雾但是厚度小于冷却雾。

参考文献

北京大学大气物理学编写组,1987. 大气物理学[M]. 北京:气象出版社.

樊琦,王安宇,范绍佳,吴兑,梁嘉静,2004. 珠江三角洲地区一次辐射雾的数值模拟研究[J]. 气象科学,24,1-8.

何乃光,1981. 渤海湾的海雾特征分析[J]. 气象,12:5-7.

胡瑞金,董克慧,周发琇,2006. 海雾生成过程中平流、湍流和辐射效应的数值试验[J]. 海洋科学进展,24(2):156-165.

曲平,解以扬,刘丽丽,等,2014. 1988—2010年渤海湾海雾特征分析[J]. 33(1):285-293.

宋润田,金永利,2001. 一次平流雾边界层风场和温度场特征及其逆温控制因子的分析[J]. 热带气象学报,17(4):443-451.

宋晓姜,苏博,魏立新,2011. 黄海海雾的一次过程及模拟研究[J]. 海洋预报,28(6):24-32.

孙安健,黄朝迎,张福春,1985. 海雾概论[M]. 北京:气象出版社.

王彬华,1983. 海雾[M]. 北京:海洋出版社.

王厚广,曲维政,1997. 青岛地区的海雾预报. 海洋预报,14(3):52-57.

王亚男,李永平,2009. 冷空气影响下的黄东海海雾特征[J]. 热带气象学报,25(2):216-221.

王玉国,章晗,朱苗苗,等,2013. 辽东湾西岸海雾特征分析[J]. 海洋预报,30(4):65-69.

张红岩,周发琇,张晓慧,2005. 黄海春季海雾的年际变化研究. 海洋与湖沼,36(1):36-42.

张苏平,任兆鹏,2010. 下垫面热力作用对黄海春季海雾的影响—观测与数值试验[J]. 气象学报,68(4):439-449.

周发琇,1988. 海雾及其分类[J]. 海洋预报,5(1):79-84.

周发琇,刘龙长,1986. 长江口及济州岛附近海域综合调查报告(第七节,海雾)[J]. 山东海洋学院学报,16(1):115-131.

周发琇,王鑫,鲍献文,2004. 黄海春季海雾形成的气候特征[J]. 海洋学报,26(3):28-37.

Bergot T, Guedaia D 1994. Numerical forecasting of radiation fog. PartI: Numerical model and sensitivity tests[J]. Mon Wea Rev[J]. 122:1218-1230.

Cho Y K, Kim M O, Kim B G, 2000. Sea fog around the Korean peninsula[J]. Journal of Apllied Meteorology, 39(12):2 473-2 479.

Dale F leipper, 1994. Fog on the U. S west Coast[J]. Bulletin of the American Meterorological Society. vol, No. 2, 75:229-240.

Estoque M A, 1963. A Numerical Modle of the Atmosphere Boundary layer[J]. J Geoes phys R, 68: 1103-1113.

Fisher E L, Caplan P, 1963. An experiment in the numerical predicion of fog and stratus[J]. J Atmos Sci, 20: 425-437.

Fu G, Guo J, Angeline P, and Li P, 2008. An Analysis and modeling stu街 of a sea fog event over the Yellow and Bohai Sea[J]. J Ocean univ China, 7:27-34.

Fu G,Guo J,Xie S-P,Duan Y,and Zhang M,2006. Analysis and high-resolution modeling of a dense sea fog event over the Yellow Sea[J]. Atmos Res,81:293-303.

Heo K Y,Ha K J,2010. A coupled model study on the formation and dissipation of sea fogs [J]. Mon Wea Rev,138(4):1 186-1 205.

Jame W Telford and Steven K Chai,1993. Marine fog and its dissipation over warm water[J]. J Atmos Sci,50(19):3336-3349.

Kim C K,Yum S S,2012a. A numerical study of sea-fog formation over cold sea surface using a one-dimensional turbulence model coupled with the weather research and forecasting model[J]. Bound-Layer Meteor,143(3):481-505.

Koracev D,Lewis J,Thompson W T,et al. ,2001. Transition of stratus into fog along the California coast: observations and modeling[J]. Journal of The Atmospheric Science,58(13):1714-1731.

Koracin D,Businger J A,Dorman C E,et al,2005. Formation,evolution and dissipation of coastal sea fog [J]. Bound—Layer Meteor,2005,117:447-478.

Koracin D,Leipper D F,Lewis J M,2005. Modeling sea fog on the us California coast during a hot spell event [J]. Geofizika,22:59-82.

Noonkest E R V R,1979. Coastal marine fog in southern California[J]. Monthly Weather Review,107:830-851.

Oliver D,Lewellen W,and Williamson G,1978. The interaction between turbulent and radiative transport in the development of fog and low-level stratus[J]. J Atmos Sci,35:301-316.

Rodhe B,1962. The effect of turbulence on fog formation[J]. Tellus,14:49-86.

Thompson W T and Burk S D,2003,Investigation of fog and low clouds associated with a coastally trapped disturbance[C]. 5th Coastal Atmospheric Ocean Prediction Processes Conf . ,Seattle,WA,8 — 12 Aug 2003,AMS,70-75.

附录　黄海、渤海海区和所研究站点各月海雾日数及各时次海雾出现频率

表 1　黄海、渤海海区 2001—2015 年各月海雾日数(d)

年＼月	1	2	3	4	5	6	7	8	9	10	11	12	合计
2001	7	14	3	11	17	23	29	17	4	10	7	3	145
2002	7	11	13	13	13	15	20	14	8	4	5	14	137
2003	13	11	11	14	19	18	25	17	12	2	7	12	161
2004	8	4	8	7	12	18	29	17	7	9	9	13	141
2005	2	3	9	10	13	29	30	20	14	8	8	4	150
2006	15	7	8	12	16	26	26	19	15	12	11	13	180
2007	11	11	15	10	13	21	22	17	10	10	5	13	158
2008	7	5	9	11	17	27	30	17	12	12	6	1	154
2009	7	11	10	10	11	24	7	10	11	10	10	4	125
2010	5	8	5	10	14	23	28	24	13	10	5	6	151
2011	0	13	3	11	11	25	25	19	2	9	9	6	133
2012	11	5	7	17	20	28	29	19	9	8	1	1	155
2013	17	14	7	6	18	24	30	21	3	7	4	5	156
2014	15	11	13	16	11	17	24	18	12	16	11	11	175
2015	9	8	8	10	15	20	19	14	11	12	18	17	161
合计	134	136	129	168	220	338	373	263	143	139	116	123	2282
平均	8.9	9.1	8.6	11.2	14.7	22.5	24.9	17.5	9.5	9.3	7.7	8.2	152.1

表 2　秦皇岛站 2001—2015 年各月海雾日数(d)

年＼月	1	2	3	4	5	6	7	8	9	10	11	12	合计
2001	0	2	1	1	2	2	0	0	0	0	0	0	8
2002	0	2	0	0	2	0	2	2	1	0	0	2	11
2003	2	1	4	0	0	0	3	0	0	0	1	0	11
2004	0	0	0	0	0	1	0	1	0	0	2	2	6
2005	0	0	0	0	1	1	1	1	1	1	2	0	8
2006	2	2	1	1	0	1	1	0	0	3	0	0	11
2007	0	3	0	0	0	0	0	0	0	3	0	0	6
2008	0	0	1	1	2	0	1	1	0	2	0	0	8

续表

月 年	1	2	3	4	5	6	7	8	9	10	11	12	合计
2009	0	1	0	0	0	0	0	1	1	3	0	0	6
2010	2	2	0	1	1	0	0	1	1	1	2	0	11
2011	0	1	0	0	1	4	0	0	0	2	0	0	8
2012	0	1	1	0	0	0	0	0	0	0	0	0	2
2013	2	1	2	0	0	1	0	0	0	0	0	0	6
2014	3	6	8	4	4	7	9	11	9	12	2	1	76
2015	0	5	1	3	3	1	6	4	6	7	6	6	48
合计	11	27	19	11	16	18	23	22	19	34	15	11	226

表 3　绥中站 2001—2015 年各月海雾日数(d)

月 年	1	2	3	4	5	6	7	8	9	10	11	12	合计
2001	0	1	1	0	2	2	4	1	0	1	2	0	14
2002	0	3	1	0	2	0	1	0	1	0	2	0	10
2003	0	0	3	3	1	0	3	1	3	1	3	0	18
2004	1	1	1	0	0	3	1	7	1	0	2	3	20
2005	0	0	1	3	0	6	3	5	1	2	2	0	23
2006	2	2	1	2	1	3	1	3	1	1	1	0	18
2007	0	3	3	0	1	2	2	1	2	3	0	2	19
2008	0	0	2	2	5	1	10	3	2	4	0	0	29
2009	0	1	2	0	1	1	1	5	2	4	3	2	22
2010	2	4	0	1	1	2	3	3	5	4	2	0	27
2011	0	7	0	0	1	6	6	7	1	3	3	0	34
2012	0	0	2	5	1	2	3	0	7	1	1	0	22
2013	3	2	2	0	0	6	5	5	1	4	0	0	28
2014	0	0	1	1	0	0	0	0	2	3	0	1	8
2015	1	2	0	1	2	0	1	0	4	3	3	3	20
合计	9	26	20	18	18	34	44	41	33	34	24	11	312

表 4　营口站 2001—2015 年各月海雾日数(d)

月 年	1	2	3	4	5	6	7	8	9	10	11	12	合计
2001	0	6	1	1	4	0	0	0	1	0	0	0	13
2002	3	1	1	1	0	0	0	1	0	0	0	3	10
2003	0	2	4	0	1	0	0	1	1	1	1	2	13
2004	3	0	0	0	0	0	0	0	0	1	2	2	8
2005	0	2	0	0	0	0	0	1	0	1	0	0	4

续表

年＼月	1	2	3	4	5	6	7	8	9	10	11	12	合计
2006	4	1	1	2	0	1	1	0	1	3	0	2	16
2007	5	3	4	1	0	0	0	1	0	0	2	5	21
2008	2	0	2	2	2	0	0	0	0	4	1	0	13
2009	0	3	0	0	0	0	0	1	2	3	1	2	12
2010	0	1	2	2	0	2	1	1	4	1	1	2	17
2011	0	2	0	0	0	0	1	0	0	1	2	0	6
2012	1	0	2	0	0	0	0	0	1	0	0	0	4
2013	1	2	1	0	0	0	1	1	0	5	0	1	12
2014	0	0	2	0	0	0	0	0	0	1	4	3	10
2015	3	0	1	0	1	0	0	0	1	0	3	5	14
合计	22	23	21	9	8	3	4	7	11	21	17	27	173

表 5　丹东站 2001—2015 年各月海雾日数(d)

年＼月	1	2	3	4	5	6	7	8	9	10	11	12	合计
2001	0	3	0	2	2	4	3	3	1	2	3	0	23
2002	2	5	3	0	3	0	1	4	1	1	1	1	22
2003	0	5	3	6	6	6	5	6	4	1	0	2	44
2004	0	2	2	1	3	6	8	5	3	5	3	0	38
2005	0	0	1	0	5	9	13	10	6	3	3	2	52
2006	0	1	2	2	3	7	7	10	4	2	2	2	42
2007	1	0	3	6	0	7	7	3	1	1	1	0	30
2008	0	2	4	2	8	4	4	4	4	4	3	0	39
2009	0	4	1	2	3	4	2	2	4	2	3	0	27
2010	0	0	1	0	3	8	5	6	6	4	0	2	35
2011	0	1	0	2	2	4	4	8	1	2	3	1	28
2012	0	0	2	5	2	4	6	1	2	4	0	1	27
2013	4	0	0	0	4	7	14	8	1	0	0	2	40
2014	0	2	3	6	2	1	4	2	2	2	2	1	27
2015	1	0	4	1	1	2	0	0	1	1	2	3	16
合计	8	25	29	35	47	73	83	72	41	34	26	17	490

表 6　塘沽站 2001—2015 年各月海雾日数(d)

年＼月	1	2	3	4	5	6	7	8	9	10	11	12	合计
2001	3	4	0	0	2	0	0	0	0	0	0	2	11
2002	0	1	1	1	0	0	0	0	0	2	1	11	17
2003	3	2	3	1	0	0	0	1	0	1	2	4	17
2004	3	1	0	0	0	0	0	0	0	1	4	4	13
2005	0	1	0	0	0	0	1	0	1	2	3	1	9
2006	6	2	0	2	1	0	0	0	4	3	4	4	26
2007	5	2	5	0	0	0	0	0	3	5	2	6	28
2008	0	0	1	1	2	0	1	0	0	5	0	0	10
2009	0	1	0	0	0	0	0	0	3	2	4	3	13
2010	1	1	0	0	0	1	0	0	1	1	0	2	7
2011	0	2	0	0	0	0	0	0	0	0	3	2	7
2012	2	1	2	0	0	0	0	0	1	1	0	0	7
2013	5	4	0	0	1	2	0	0	0	1	1	1	15
2014	3	1	2	1	1	0	0	0	2	8	6	1	25
2015	3	0	0	0	0	0	1	0	1	2	3	15	25
合计	34	23	14	6	7	3	3	1	16	34	33	56	230

表 7　大连站 2001—2015 年各月海雾日数(d)

年＼月	1	2	3	4	5	6	7	8	9	10	11	12	合计
2001	1	4	0	5	6	5	4	1	0	4	1	0	31
2002	4	7	3	3	5	3	3	0	0	0	0	3	31
2003	1	2	6	2	5	6	9	7	1	0	0	1	40
2004	2	0	0	1	4	8	4	1	0	1	3	0	24
2005	0	0	1	7	2	15	7	1	0	1	1	0	35
2006	1	1	1	3	2	7	9	1	1	3	0	1	30
2007	0	5	6	4	6	4	5	2	0	1	2	1	36
2008	0	0	2	2	9	14	11	4	0	5	0	0	47
2009	1	2	0	0	2	7	0	1	3	1	2	2	21
2010	3	2	2	3	4	10	10	3	2	1	0	4	44
2011	0	4	0	1	1	8	14	7	0	3	2	0	40
2012	0	0	1	5	7	5	4	1	0	1	0	0	24
2013	1	2	3	1	1	4	9	4	0	0	0	0	25
2014	0	1	1	0	0	1	3	0	0	0	0	0	6
2015	0	0	2	0	1	1	0	0	0	3	1	1	9
合计	14	30	28	37	55	98	92	33	7	24	12	13	443

表 8 羊角沟站 2001—2015 年各月海雾日数(d)

年＼月	1	2	3	4	5	6	7	8	9	10	11	12	合计
2001	1	3	0	1	2	0	0	1	0	2	1	0	11
2002	0	0	1	0	1	0	0	1	0	0	1	7	11
2003	1	0	1	0	0	0	0	1	0	0	2	4	9
2004	3	0	0	0	0	0	0	0	0	4	2	6	15
2005	0	0	1	0	0	0	0	1	0	1	3	1	7
2006	8	1	0	0	0	0	0	0	1	0	4	2	16
2007	4	1	1	0	0	0	0	1	4	1	2	4	18
2008	2	0	1	1	0	0	0	0	0	3	0	0	7
2009	0	0	0	0	0	0	0	0	0	1	2	3	6
2010	0	2	0	0	0	1	0	0	0	1	1	2	7
2011	0	2	0	0	0	0	0	0	0	2	0	3	7
2012	7	1	1	0	0	0	0	1	0	0	0	0	10
2013	5	2	0	0	0	0	0	0	1	1	0	1	10
2014	0	0	2	0	0	0	0	0	0	1	2	0	5
2015	1	0	0	0	0	0	0	0	0	1	5	10	17
合计	32	12	8	2	3	1	0	6	6	18	25	43	156

表 9 长岛站 2001—2015 年各月海雾日数(d)

年＼月	1	2	3	4	5	6	7	8	9	10	11	12	合计
2001	0	3	0	1	1	4	3	1	0	0	1	0	14
2002	3	1	0	2	1	4	3	0	0	0	0	0	14
2003	1	0	4	0	3	2	3	6	0	0	0	0	19
2004	2	1	0	0	0	3	4	2	0	3	1	0	16
2005	0	0	1	0	0	0	3	1	0	1	1	0	7
2006	1	1	0	2	0	1	6	0	0	2	3	0	16
2007	0	3	4	1	4	3	4	0	0	1	1	3	24
2008	1	0	1	1	0	6	4	0	0	0	0	0	13
2009	0	2	0	0	2	3	0	0	0	0	0	2	9
2010	1	1	0	0	2	7	2	2	0	0	1	1	17
2011	0	0	0	0	0	1	4	0	0	0	0	0	5
2012	3	0	0	3	0	1	1	0	0	0	0	0	8
2013	1	3	0	0	2	1	2	0	0	0	0	0	9
2014	1	3	2	6	1	5	1	1	0	3	3	2	28
2015	0	5	1	5	5	1	2	0	0	1	1	6	27
合计	14	23	13	21	21	42	42	13	0	11	12	14	226

表 10　龙口站 2001—2015 年各月海雾日数(d)

年＼月	1	2	3	4	5	6	7	8	9	10	11	12	合计
2001	0	3	0	1	1	2	0	1	0	3	1	0	12
2002	1	0	1	0	0	0	0	1	0	0	0	5	8
2003	3	0	1	0	0	2	0	1	0	0	0	2	9
2004	5	0	1	0	0	0	1	0	0	2	1	1	11
2005	0	0	1	0	0	0	0	2	0	0	0	0	3
2006	2	0	0	0	0	0	0	0	3	2	1	2	10
2007	1	0	2	1	1	1	0	0	0	1	0	3	10
2008	1	0	0	1	0	2	0	0	0	1	1	0	6
2009	2	2	0	1	1	0	0	0	1	0	0	2	9
2010	1	0	0	0	1	2	0	0	1	0	1	1	7
2011	0	1	0	0	0	0	0	0	0	0	1	1	3
2012	4	0	1	0	0	0	1	0	0	0	0	0	6
2013	3	2	0	0	0	0	0	0	0	0	0	0	5
2014	4	1	0	2	0	0	0	0	0	1	1	1	10
2015	1	3	0	1	0	0	0	0	0	0	4	5	14
合计	28	12	7	7	4	9	2	5	5	10	11	23	123

表 11　威海站 2001—2015 年各月海雾日数(d)

年＼月	1	2	3	4	5	6	7	8	9	10	11	12	合计
2001	0	0	0	1	1	4	4	1	0	1	0	0	12
2002	4	2	2	0	1	4	1	0	0	0	0	0	14
2003	0	1	3	1	0	0	3	3	0	0	0	0	11
2004	1	1	1	1	1	2	4	0	0	0	0	0	11
2005	0	0	1	1	0	1	4	2	1	1	1	0	12
2006	0	0	1	1	1	3	5	1	0	1	0	0	13
2007	0	1	4	3	3	3	4	0	0	0	0	0	18
2008	1	1	0	2	0	8	2	1	0	0	0	0	15
2009	2	2	1	0	1	1	0	0	0	2	1	0	10
2010	1	2	2	0	1	7	4	1	0	0	0	1	19
2011	0	3	0	0	1	3	1	3	0	0	0	0	11
2012	0	0	2	3	1	4	2	3	0	0	0	0	15
2013	2	1	0	1	2	3	4	0	0	0	0	0	13
2014	0	1	1	7	1	3	0	0	0	0	0	1	14
2015	0	3	2	2	2	1	4	0	0	0	3	2	19
合计	11	18	20	23	16	47	42	15	1	5	5	4	207

表 12　成山头站 2001—2015 年各月海雾日数(d)

年＼月	1	2	3	4	5	6	7	8	9	10	11	12	合计
2001	0	4	2	6	16	16	27	13	0	0	1	0	85
2002	4	4	10	13	10	12	20	7	2	0	0	1	83
2003	0	7	9	11	14	15	23	11	4	0	1	0	95
2004	1	4	5	4	9	14	27	10	2	1	0	0	77
2005	0	0	6	6	10	27	23	16	4	0	2	0	94
2006	1	1	2	8	16	21	24	15	0	1	0	0	89
2007	1	6	9	4	10	17	16	14	0	0	0	1	78
2008	0	2	4	8	12	18	27	9	4	3	0	0	87
2009	3	5	5	5	7	23	6	3	0	2	2	0	61
2010	2	5	3	8	12	20	26	19	2	0	0	1	98
2011	0	7	3	8	9	19	24	17	0	0	2	0	89
2012	0	0	4	16	11	25	28	12	1	0	0	0	97
2013	2	4	4	4	12	19	26	15	0	0	0	0	86
2014	3	4	8	11	10	15	21	7	0	0	0	2	81
2015	2	3	6	5	12	18	16	10	0	0	0	2	74
合计	19	56	80	117	170	279	334	178	19	7	8	7	1274

表 13　青岛站 2001—2015 年各月海雾日数(d)

年＼月	1	2	3	4	5	6	7	8	9	10	11	12	合计
2001	2	2	0	6	9	15	9	5	0	1	2	0	51
2002	2	1	9	4	5	9	7	1	0	0	0	2	40
2003	2	4	5	1	6	8	5	8	1	0	2	4	46
2004	2	2	2	6	2	13	9	3	0	3	6	1	49
2005	1	0	4	2	5	12	7	7	4	1	7	3	53
2006	7	5	4	8	6	21	12	3	3	2	2	6	79
2007	8	4	6	3	6	7	7	0	1	3	1	2	48
2008	3	0	3	7	10	13	13	2	0	1	2	1	55
2009	3	6	0	5	1	12	0	0	0	2	3	1	33
2010	3	5	1	5	4	7	7	1	2	0	0	1	36
2011	0	5	0	1	4	15	10	4	1	0	4	2	46
2012	4	0	4	8	12	8	10	5	0	0	0	0	51
2013	8	4	4	1	8	8	15	7	0	0	1	1	57
2014	6	3	6	6	6	2	3	0	1	1	0	0	34
2015	2	3	6	2	8	8	4	1	0	2	3	7	46
合计	53	44	54	65	92	158	118	47	13	16	33	31	724

表 14　石岛站 2001—2015 年各月海雾日数(d)

年＼月	1	2	3	4	5	6	7	8	9	10	11	12	合计
2001	0	1	0	5	11	17	19	7	0	2	1	0	63
2002	3	2	3	3	6	5	6	1	0	0	0	0	29
2003	1	0	2	4	5	5	11	5	4	0	0	0	37
2004	1	3	0	5	6	7	17	4	3	1	1	0	48
2005	0	0	6	5	3	17	11	4	1	2	2	0	51
2006	1	2	1	2	5	12	9	6	4	5	1	0	48
2007	0	1	2	3	2	4	4	1	0	1	0	2	20
2008	0	0	1	3	8	11	13	1	3	5	1	0	46
2009	1	5	2	3	2	12	0	4	0	2	1	0	32
2010	2	3	3	3	6	16	13	4	0	0	0	2	52
2011	0	7	1	5	5	15	14	8	0	0	1	0	56
2012	0	0	3	0	0	8	13	7	0	0	0	0	31
2013	1	4	4	1	8	13	17	4	0	0	0	0	52
2014	0	3	4	4	6	3	4	0	0	0	0	0	24
2015	0	1	5	2	5	10	1	1	0	0	1	1	27
合计	10	32	37	48	78	155	152	57	15	18	9	5	616

表 15　日照站 2001—2015 年各月海雾日数(d)

年＼月	1	2	3	4	5	6	7	8	9	10	11	12	合计
2001	0	3	0	7	9	8	7	6	0	1	1	0	42
2002	3	1	5	2	3	8	2	0	1	1	0	0	26
2003	0	1	1	2	9	5	4	5	5	0	1	0	33
2004	2	1	0	4	1	7	4	1	0	0	1	0	21
2005	0	0	5	2	3	4	5	1	2	1	5	0	28
2006	1	2	2	3	1	11	7	0	0	0	2	1	30
2007	4	4	2	1	5	7	2	1	0	1	0	0	27
2008	2	0	3	5	8	11	7	0	0	1	0	0	37
2009	3	5	1	5	1	9	1	0	1	2	1	1	30
2010	3	5	2	3	0	5	1	1	2	0	0	0	22
2011	0	3	0	1	1	4	4	1	0	0	1	0	15
2012	0	0	0	4	2	1	0	3	0	0	0	0	10
2013	2	5	3	0	2	2	2	4	0	0	1	2	23
2014	1	4	2	1	3	1	1	0	0	0	0	0	13
2015	0	0	4	2	6	3	0	2	0	3	0	5	25
合计	21	34	30	42	54	86	47	25	11	10	13	9	382

表 16 黄骅站 2001—2015 年各月海雾日数(d)

年＼月	1	2	3	4	5	6	7	8	9	10	11	12	合计
2001	3	4	0	0	1	0	0	0	0	1	1	2	12
2002	0	0	0	1	0	0	0	0	1	0	1	10	13
2003	2	0	2	1	0	2	1	1	0	0	2	4	15
2004	2	1	0	0	1	0	0	0	0	4	2	5	15
2005	0	1	0	0	0	0	0	0	0	0	3	1	5
2006	6	1	0	1	0	0	0	1	5	1	5	4	24
2007	6	1	1	0	0	0	1	3	4	5	2	4	27
2008	2	0	1	1	4	2	2	1	2	4	1	0	20
2009	2	2	1	0	1	0	0	1	3	0	3	4	17
2010	0	1	1	0	0	0	0	0	0	0	1	2	5
2011	0	1	0	0	0	0	0	0	0	0	1	3	5
2012	3	0	1	1	1	0	0	2	2	2	0	0	12
2013	12	7	0	0	0	1	8	2	1	0	4	1	36
2014	4	1	1	1	0	0	0	0	1	2	4	0	14
2015	1	1	0	0	1	0	0	0	0	1	3	9	16
合计	43	21	8	6	9	5	12	11	19	20	33	49	236

表 17 乐亭站 2001—2015 年各月海雾日数(d)

年＼月	1	2	3	4	5	6	7	8	9	10	11	12	合计
2001	0	2	1	1	3	3	3	3	2	4	4	1	27
2002	1	3	0	2	1	0	0	5	1	1	3	7	24
2003	8	0	4	2	0	1	5	3	1	1	3	4	32
2004	4	1	0	0	1	1	3	3	1	3	4	5	26
2005	1	0	1	0	0	2	2	2	1	2	5	1	17
2006	5	3	0	3	1	0	1	2	5	8	4	6	38
2007	4	4	2	0	0	0	1	2	2	4	2	2	23
2008	2	2	1	1	3	0	4	4	3	5	1	0	26
2009	0	0	0	0	0	4	0	3	4	2	4	2	19
2010	2	2	0	1	3	2	0	3	4	3	3	3	26
2011	0	3	0	0	0	3	2	2	0	4	4	4	22
2012	0	4	1	0	1	0	0	3	1	2	0	0	12
2013	4	4	0	0	0	0	1	1	0	1	0	0	11
2014	6	7	7	1	1	0	0	3	3	8	4	3	43
2015	1	3	1	0	2	1	4	2	2	5	4	15	40
合计	38	38	18	11	16	17	26	41	30	53	45	53	386

表 18　各站各时次海雾出现概率(%)

时次	02 时	05 时	08 时	11 时	14 时	17 时	20 时	23 时
秦皇岛	26.6	24.4	14.7	2.6	0.6	2.9	7.4	20.8
绥中	18.2	36.4	24.1	2.7	1.4	2.5	7.3	7.5
营口	13.5	17.9	28.5	13.1	4.7	6.2	6.2	9.9
丹东	25.2	34.5	15.4	1.8	0.8	1.8	6.7	13.9
乐亭	17.8	25.6	29.0	7.2	1.8	1.9	5.4	11.3
塘沽	14.6	21.0	30.6	5.8	5.8	6.3	9.3	6.6
黄骅	12.9	19.2	40.4	12.4	2.5	2.5	4.9	5.2
大连	17.6	24.6	21.0	6.8	2.9	5.8	10.1	11.4
羊角沟	12.1	13.2	57.7	0.0	5.5	1.6	9.9	0.0
长岛	14.7	19.5	21.9	9.9	5.1	9.3	11.7	8.1
龙口	10.8	19.1	28.0	7.6	3.2	8.9	10.8	11.5
威海	11.4	33.2	20.0	6.4	5.5	9.5	7.3	6.8
成山头	15.7	17.1	14.3	10.4	7.5	8.9	12.0	14.2
青岛	13.5	22.1	20.5	9.7	5.6	7.4	10.4	10.7
石岛	14.4	/	47.5	/	12.4	/	25.7	/
日照	12.9	19.3	26.8	10.9	5.1	7.0	12.3	5.8

备注:/代表该时次无观测数据

表 19　2004 年—2011 年黄渤海海雾日历表

序号	日期	区域
1	2004 年 4 月 11 日	黄海
2	2005 年 3 月 9 日	黄海区域
3	2005 年 5 月 31 日	青岛沿海地区
4	2005 年 6 月 23—24 日	黄海北部/丹东地区
5	2006 年 3 月 6—8 日	黄海
6	2007 年 2 月 5 日	黄海
7	2007 年 2 月 21—22 日	黄海
8	2007 年 4 月 11—12 日	黄海
9	2007 年 4 月 21—22 日	黄海
10	2007 年 5 月 4 日	黄海
11	2007 年 5 月 27 日	黄海
12	2007 年 6 月 8—9 日	黄海
13	2008 年 4 月 28 日	黄海
14	2008 年 5 月 2—3 日	黄海
15	2008 年 5 月 25 日	黄海
16	2008 年 6 月 13 日	黄海
17	2008 年 7 月 7—11 日	黄海
18	2008 年 10 月 17—18 日	黄海

续表

序号	日期	区域
19	2009 年 1 月 29—31 日	黄海
20	2009 年 2 月 11—12 日	黄海
21	2009 年 3 月 19—21 日	黄海
22	2009 年 4 月 9—12 日	黄海
23	2009 年 5 月 2—4 日	黄海
24	2009 年 7 月 16—18 日	青岛
25	2010 年 2 月 22—24 日	黄海北部
26	2010 年 3 月 12 日	黄海
27	2010 年 5 月 31 日至 6 月 5 日	黄渤海及周边地区
28	2011 年 2 月 22—24 日	黄渤海
29	2011 年 3 月 12—13 日	黄海